Der Schraubenpropeller

(Schiffsschraube)

Konstruktion und Berechnung desselben

von

C. DREIHARDT,
Ingenieur

Mit 75 Abbildungen und sieben Tafeln.

Zweite verbesserte Auflage.

BERLIN W.
Verlag von M. Krayn.
1921.

Rosenthal & Co., Berlin NW 21.

VORWORT.

Der Mangel eines geeigneten Werkes über Schiffsschrauben hat mich veranlaßt, in nachstehendem einige praktische Winke über das Wesen, die Berechnung und Konstruktion von Schraubenpropellern zusammenzustellen, und glaube ich hiermit einem in den beteiligten Kreisen schon längst gehegten Wunsche gerecht zu werden, da, abgesehen von großen kostspieligen Werken über Schiffsmaschinenbau, in der deutschen technischen Literatur kein Werk existiert, welches diesen überaus wichtigen Teil eines Schiffes in einer für weiteste Kreise verständlichen Form behandelt. Insbesondere dürfte das Werkchen auch für alle diejenigen, welche sich mit der Herstellung von Maschinen für Motorboote befassen, sowie auch für Motorbootbauer und Besitzer derartiger Fahrzeuge willkommen sein. Doch auch dem angehenden Ingenieur, Techniker sowie Seemaschinisten dürfte das Büchlein verschiedenes für ihn Wissenswerte über die Schiffsschraube bieten. Es ist von rein praktischem Standpunkt aus erfaßt unter besonderer Zugrundelegung der Berechnungen von „Fliege" (Zeitschrift d. V. d. I. 1893), welche die Materie rein praktisch behandeln, ohne sich weiter auf die schwierige und noch gar nicht geklärte Theorie einzulassen.

Indem ich mich der angenehmen Hoffnung hingebe, etwas für die Praxis Brauchbares geschaffen zu haben, richte ich an alle Interessenten die höfl. Bitte, mich auf wünschenswerte Erweiterungen resp. in diesem Buche enthaltene Mängel gefl. aufmerksam machen zu wollen, damit dieselben von mir bei einer eventl. erforderlichen Neuauflage berücksichtigt werden können. Diesbezügliche Fingerzeige werden stets mit Dank angenommen.

Charlottenburg, im August 1906.

Der Verfasser.

Vorwort zur 2. Auflage.

Da die erste Auflage inzwischen vollständig vergriffen ist und, namentlich in jüngster Zeit, eine überraschend starke Nachfrage nach weiteren Exemplaren des „Schraubenpropellers“ anhält, habe ich mich auf Wunsch meines Herrn Verlegers entschlossen, mit einer 2. Auflage an die Oeffentlichkeit zu treten.

Ich hoffe hiermit den Wünschen der interessierten Kreise gedient zu haben und gebe mich gleichzeitig der angenehmen Erwartung hin, daß das Werkchen auch künftighin dieselbe freundliche Aufnahme finden möge, wie es bei der ersten Auflage der Fall gewesen ist.

Die vorliegende Neuauflage ist bezgl. des Inhalts im großen ganzen dieselbe geblieben wie ihre Vorgängerin. Von einer Umarbeitung des Stoffes habe ich mit Rücksicht darauf, daß grundlegende Neuerungen inzwischen nicht eingetreten sind, Abstand genommen und mich darauf beschränkt, einige Unrichtigkeiten der ersten Auflage zu verbessern, sowie einige Ergänzungen in einzelnen Kapiteln einzufügen. Insbesondere sind die inzwischen von verschiedenen Seiten vorgenommenen Versuche mit Tunnelhecks, sowie Versuche über das Verhalten der Schiffsschraube auf Kanälen mit geringer Wassertiefe entsprechend berücksichtigt worden.

Bei der Abhandlung über umsteuerhare Schrauben ist ausführlicher auf die Fabrikate der Firma Th. Zeise eingegangen.

Endlich ist auch noch ein Kapitel über den Schiffswiderstand und seine Beziehungen zur Schraube zum besseren Verständnis der Materie neu aufgenommen worden.

Ich übergebe das Werk hiermit wiederum der Oeffentlichkeit und bitte die Leser desselben um wohlwollende Beurteilung.

Charlottenburg, im November 1920.

Der Verfasser.

Inhaltsverzeichnis.

ERSTER TEIL.

ZWEITER TEIL.

DRITTER TEIL.

VIERTER TEIL.

I. TEIL.

Einleitung.

Zur Fortbewegung der Schiffe bedient man sich, vom Ruder und Segel abgesehen, hauptsächlich der Schaufel- oder Paddelräder, der Reaktionsturbinen und der Schraubenpropeller, auch Schiffsschraube oder kurzweg Schraube genannt. Die beiden erstgenannten Treibapparate kommen für uns nicht weiter in Betracht, da sich dieselben auf verhältnismäßig sehr wenige Fahrzeuge und Spezialfälle beschränken. Die weitaus größte Verbreitung hat der Schiffspropeller gefunden, und erfreut sich derselbe seiner Einfachheit und größeren Betriebssicherheit wegen der häufigsten Anwendung. Es soll daher im Nachstehenden auch nur auf die Berechnung und Konstruktion des letzteren näher eingegangen werden.

Seine Anwendung als Treibapparat für Schiffe wird von verschiedenen Nationen verschiedenen Erfindern zugeschrieben, doch scheint nach authentischen Berichten kein Zweifel zu bestehen, daß der Oesterreicher Joseph Ressel zu Anfang des vorigen Jahrhunderts als erster die Schraube zur Fortbewegung von Wasserfahrzeugen benutzt hat. Vorteile hat seine Erfindung jedoch weder seinem Vaterlande noch ihm persönlich gebracht. Im Gegenteil, er teilte das Los so vieler Erfinder, welche auf die pekuniäre Mithilfe anderer angewiesen sind. Verhöhnt und verlacht, um die Früchte seiner Arbeit betrogen, starb Ressel in ärmlichen Verhältnissen am 10. Oktober 1857 in Laibach, während seine Erfindung, welche eine Fülle von Reichtum über sein Vaterland Oesterreich hätte ausgießen können, von anderen, praktischer denkenden Nationen aufgenommen und weiter ausgearbeitet wurde.

Seit jener Zeit haben sich zahlreiche Erfinder mit der Verbesserung und Vervollkommnung der Schiffsschraube beschäftigt. Namentlich der Schwede Ericson und der Engländer Smith haben die Idee Ressels mit mehr oder weniger glücklichen Erfolgen ausgearbeitet und werden daher auch gemeinhin als die eigentlichen Erfinder des Schraubenpropellers bezeichnet. Nebenher werden noch genannt: der Engländer Threvithik, der Franzose Sauvage, der Amerikaner J. Stevens.

Man ersieht hieraus, daß fast jede schiffahrttreibende Nation die Ehre der Erfindung dieses für die Dampfschiffahrt überaus wichtigen Fortbewegungsmittels einem ihrer Landsleute zuspricht.

Es gibt zahllose Arten Schrauben von den verschiedensten Formen, jedoch hat sich die einfache windschiefe Fläche anscheinend immer noch am besten bewährt; jedenfalls findet man dieselbe am meisten verbreitet.

---

1. Kapitel.

Allgemeines.

Wirkungsweise der Schraube. Um uns nun eine Vorstellung von der Wirkungsweise einer Schiffsschraube zu machen, denken wir uns dieselbe auf einer, aus dem Schiff wasserdicht herausgeführten, horizontalen Achse oder Welle, dem Schraubenschaft, befestigt. Durch den im Schiff befindlichen Motor, der an diese Achse oder Welle gekuppelt ist, wird letztere in Rotation versetzt und arbeitet in dem die Schraube umgebenden Wasser wie in einer Schraubenmutter. Da sich nun die Schraube vermöge ihres Gewindes beim Drehen in der einen oder anderen Richtung auch achsial fortbewegt, wird das mit ihr verbundene Schiff offenbar genötigt, diesen Weg mitzumachen, das heißt sich ebenfalls fortzubewegen.

Die Nabe des Propellers entspräche dem Kern, die auf derselben befestigten Flügel den Gewindegängen der Schraube.

Genauer betrachtet, verhält sich die Sache indes noch etwas anders. Durch die Rotation des Schraubenkörpers wird den von der Schraube erfaßten Wassermassen eine Beschleunigung erteilt. Die beschleunigten Wassermassen üben einen Druck sowohl in achsialer als tangentialer Richtung auf ihre Umgebung aus. Der von den Schraubenflügeln in achsialer, d. h. nach hinten geworfene Wasserstrom drückt gegen die in Ruhe befindlichen Wassermassen und schiebt infolgedessen das mit der Schraube verbundene Fahrzeug in entgegengesetzter Richtung fort. Für die Fortbewegung des Schiffes kommt nur der achsiale Druck in Frage, während der in tangentialer Richtung wirkende Druck schädlich ist und einen Kraftverlust bedeutet, den man durch geeignete Schraubenkonstruktionen nach Möglichkeit zu reduzieren sucht.

Dieser Kraftverlust ist bei gut konstruierten Schrauben schon ziemlich hoch und kann bei schlechten Propellern natürlich den Wirkungsgrad der Anlage ganz außerordentlich stark vermindern.

Anordnung der Schraube. Die Anordnung der Schiffsschraube ist eine verschiedene, entsprechend den Bedingungen, welche an ein Fahrzeug gestellt werden. Meistens findet man nur eine Schraube auf einer Welle befestigt. Mitunter ordnet man jedoch auch mehrere Schrauben auf einer Welle hintereinander an. Es hat dieses den Vorteil, daß man die Schrauben entsprechend kleiner machen kann, was bei Fahrzeugen mit geringem Tiefgang und nur einem Antriebsmotor nicht gut zu umgehen ist. Besser jedoch ist es, die Schrauben in solchen Fällen nicht hintereinander, sondern nebeneinander anzuordnen. Selbstverständlich muß die treibende Kraft alsdann auch, von lästigen Zahnübersetzungen abgesehen, auf zwei Motoren mit zwei Schraubenwellen verteilt werden und die Breite des Schiffskörpers genügend groß für deren Aufstellung sein. Derartige Schiffe zeichnen sich durch größere Betriebssicherheit und bessere Manöverierfähigkeit aus. Man läßt die Schraubenwellen in einem solchen Falle nach entgegengesetzten Richtungen umlaufen und ist hierbei zu beachten, daß Schrauben verschiedener Gangarten vorzusehen sind, d. h. es ist ein rechts- und ein linksgängiger Propeller anzuordnen (Fig. 1 u. 2).

Bei Fährbooten, welche nur kurze Strecken bei mäßiger Geschwindigkeit zu durchfahren haben, wählt man mit Vorliebe ebenfalls 2 Schrauben, die alsdann auf einer horizontal

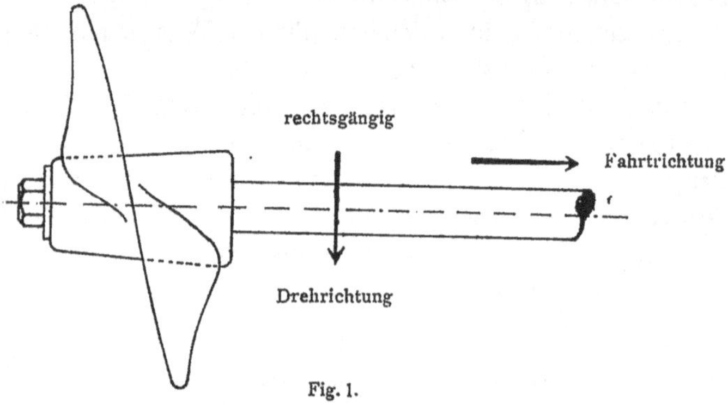

Fig. 1.

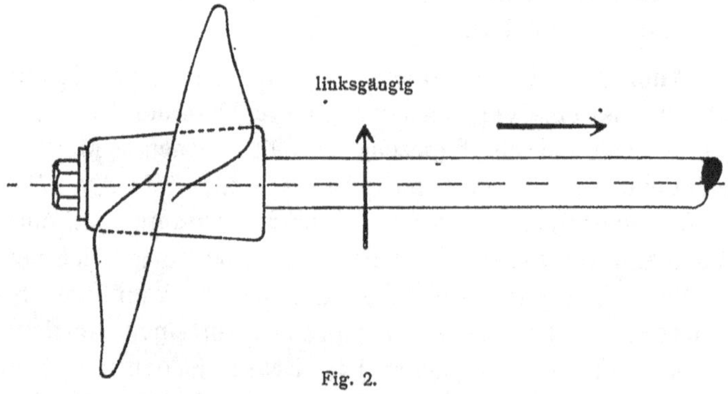

Fig. 2.

gelagerten, durchgehenden Welle so angeordnet werden, daß vorne und hinten je eine Schraube aufgesetzt wird. Hierdurch vermeidet man das oft recht zeitraubende Umwenden des Schiffes. Auch für Fahrzeuge in beschränktem Fahrwasser, wo ein Wenden des Schiffes so gut wie unmöglich ist, kann eine derartige Anordnung empfohlen werden. Der Nachteil bei diesem System besteht darin, daß die vorausfahrende Schraube beträchtlich ungünstiger arbeitet wie die am hinteren Ende befindliche. Beide Schrauben müssen in solchen Fällen dieselbe Gangart besitzen, d. h. es müssen beide entweder rechtsgängig oder linksgängig und überhaupt einander gleich sein. Es sind auch schon Fahrzeuge gebaut worden, die mit vier Schrauben ausgerüstet wurden, derart, daß auf zwei voneinander unabhängigen Wellen je zwei Propeller aufgesetzt wurden. Nach dem

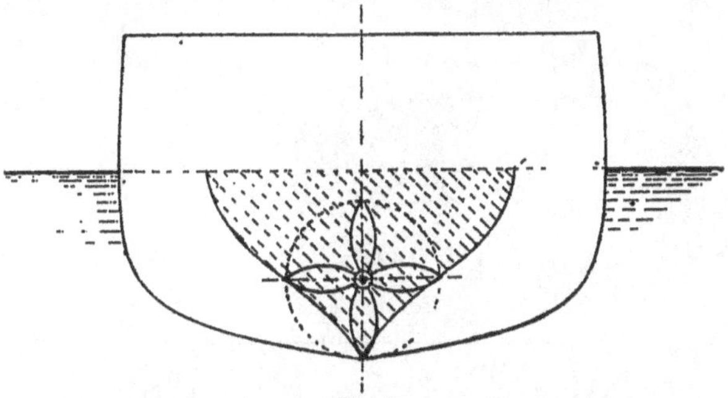

Fig. 3.

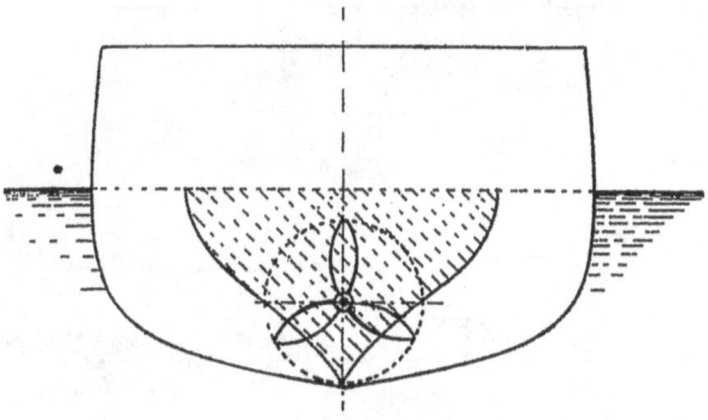

Fig. 4.

Vorhergesagten bedarf es über die Art der in solchen Fällen zur Anwendung kommenden Schrauben keiner weiteren Erklärung.

Um sich den Unterschied in der Wirkung des Propellers von Einschrauben- und Zweischraubenschiffen klarzumachen, muß man daran denken, daß von einem in Bewegung befindlichen Schiffe Wasser mitgerissen wird, welches nicht überall gleiche Geschwindigkeit hat. Nahe der Oberfläche fließt dasselbe nämlich in größerer Menge nach als in den unteren Schichten; außerdem hat es auch in der Kiellinie eine größere Geschwindigkeit als an den Seiten der Fahrzeuges. Man nehme nun an, daß der Querschnitt des nachströmenden Wassers von gleichmäßiger Geschwindigkeit irgend einem Querschnitt des betreffenden Schiffes gleich ist. Bei der gewöhnlichen Anordnung einer Schraube

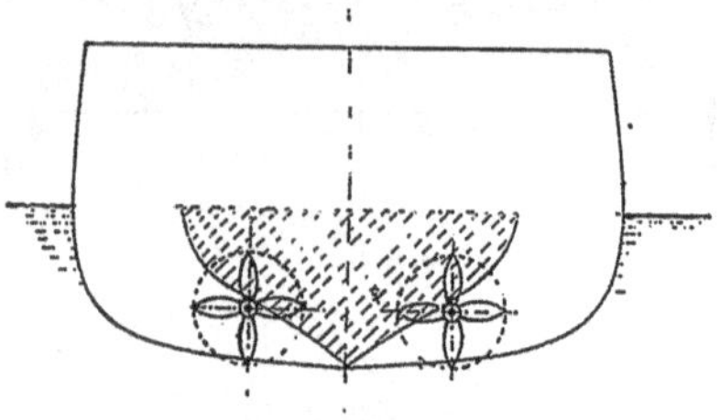

Fig. 5.

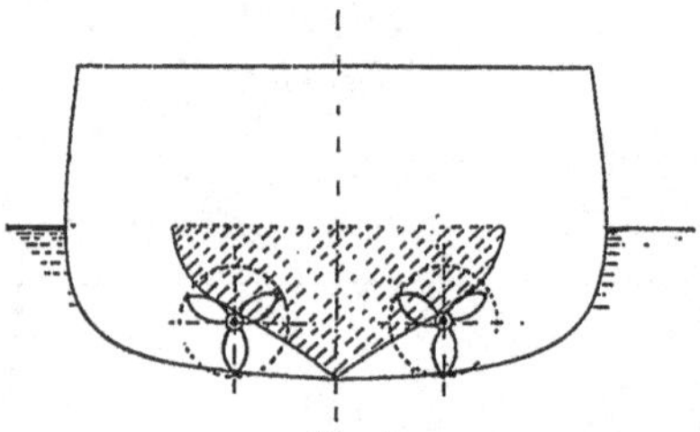

Fig. 6.

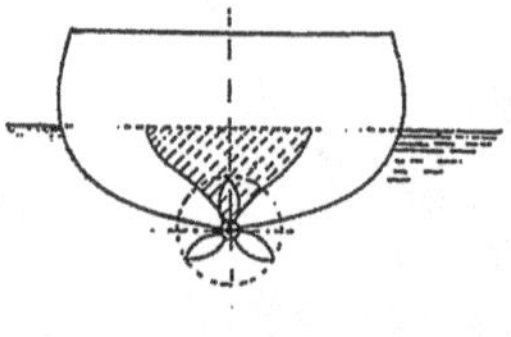

Fig. 7.

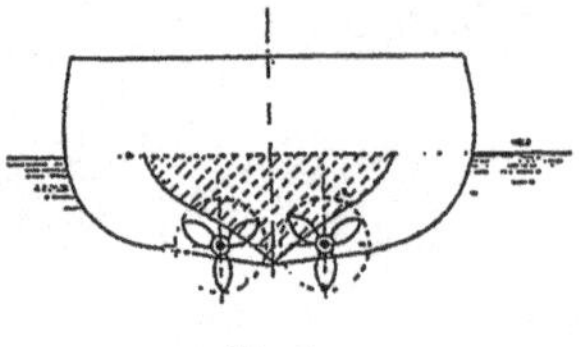

Fig. 8.

arbeitet dieselbe nun zum größten Teil in diesem Querschnitt; eine vierflügelige Schraube mehr als eine dreiflügelige. Bei Doppelschraubenschiffen und Fahrzeugen, bei denen die Schraube sehr tief angeordnet ist, so daß dieselbe unter den Kiel herausragt, ist die Beeinflussung durch dieses nachströmende Wasser weit geringer. Fig. 3—8 diene zur besseren Erläuterung des eben Gesagten.

Der schraffierte Teil in den Figuren bezeichnet den Querschnitt des in Bewegung befindlichen Wassers.

Man ersieht hieraus deutlich, daß die Art der Schraube sowie ihr Nutzeffekt und ihr Steigungsverhältnis bei verschiedenartiger Anordnung ganz verschiedene Resultate ergibt, und wird der aufmerksame Konstrukteur allen diesen Punkten die nötige Beachtung schenken müssen, um für seine jeweiligen Zwecke die günstigste Anordnung herauszusuchen.

Je nach Anordnung der Flügel kann man die Schrauben einteilen in: zwei-, drei- und vierflügelige Schrauben, außerdem in rechts- und linksgängige Schrauben und unter Berücksichtigung der Steigungsverhältnisse in Schrauben mit konstanter und Schrauben mit variabler Steigung. Schrauben mit konstanter Steigung sind die üblicheren und sollen dieselben im Nachfolgenden hauptsächlich berücksichtigt werden.

Steigung. Um sich klarzumachen, was man unter Steigung versteht, betrachte man zunächst eine Schraubenlinie, Fig. 9. Sie entsteht durch Bewegung eines Punktes auf einem Zylindermantel um dessen Achse, bei gleichzeitigem Fortschreiten in horizontaler, zur Achse paralleler Richtung, mit gleichmäßiger Geschwindigkeit. Eine ganze Windung nennt man einen Schraubengang und die achsiale Verschiebung des Punktes nach einer Umdrehung seine Ganghöhe oder Steigung.

Steigungswinkel. Die Steigung einer Schraube ist abhängig vom Steigungswinkel; je größer derselbe ist, um so größer ist auch die Steigung, und umgekehrt bedingt ein kleinerer Winkel auch eine geringere Steigung. Man findet ihn, indem man an irgend einem Punkt der Schraubenlinie eine zur Achse rechtwinklige Gerade anlegt. Würde man sich eine halbe Windung vom Zylindermantel abgewickelt denken, so erhält man eine unter diesem Winkel ansteigende Gerade a—b, und es wird alsdann

$$tg\,\alpha = \frac{h}{2} : \pi\, r = \frac{h}{2\,\pi\, r} \quad (1)$$

(siehe Fig. 9).

Erzeugende. Erzeugende nennt mn eine Linie, welche in der Drehebene der Schraube liegt und die sowohl eine

Gerade als auch eine Kurve sein kann. Sie steht entweder senkrecht zur Längsachse oder bildet mit derselben einen Winkel β nach hinten, welcher gewöhnlich zwischen 5 bis 15 Grad beträgt. Entsprechend der Umdrehungszahl des

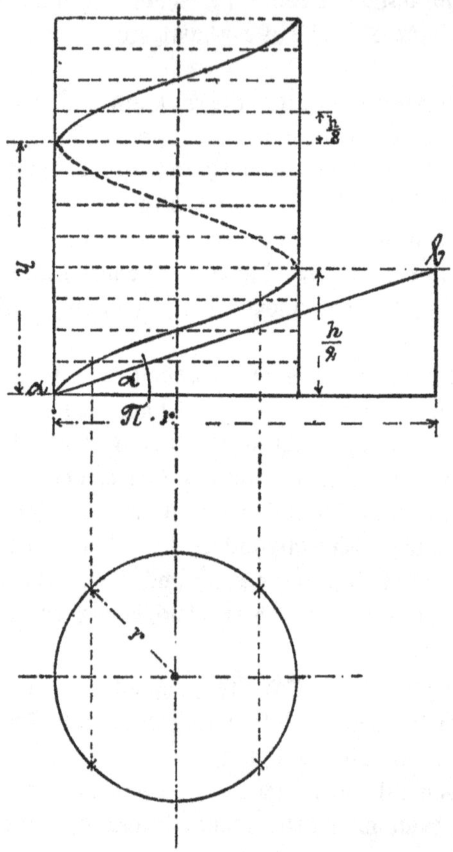

Fig. 9.

Propellers macht man den Winkel β, um welchen die Schraube nach hinten geneigt sein soll

$$\beta = 0{,}75 \sqrt{n}$$

(n = Umdrehungszahl). Schrauben, bei welchen die Erzeugende senkrecht zur Längsachse steht, finden hauptsächlich Verwendung bei viel manöverierenden Schiffen, da derartige Propeller für Rückwärtsgang einen annähernd gleichen Wirkungsgrad wie für Vorwärtsfahrt ergeben. Wo es indes auf besonders günstige Ausnützung der Schraube für Vorwärtsfahrt ankommt, wie z. B. bei Topedobooten, Schnelldampfern etc., wählt man letztere Konstruktionsweise.

Gangart. Je nachdem sich der eine Schraubenlinie erzeugende Punkt von rechts nach links dreht oder in umgekehrter Richtung ansteigt, unterscheidet man rechtsgängige und linksgängige Schrauben. Mehrgängige Schraubenlinien erhält man, wenn sich mehrere Punkte in stets gleichen Abständen voneinander auf der Mantelfläche des Zylinders bewegen. Jeder Schraubenflügel nun bildet einen Teil eines solchen Schraubenganges, und spricht man daher von zwei-, drei- und vierflügeligen, oder zwei-, drei- und viergängigen Schrauben, was dasselbe bedeutet.

Ein- und Austrittsflächen. An jedem Schraubenflügel unterscheidet man eine eintretende und eine austretende Fläche, welche von der Eintritts- resp. Austrittskante begrenzt werden. Die Mittellinie teilt den Flügel derart daß der größere Teil der Flügelfläche nach der austretenden Seite zu liegen kommt (Fig. 10).

Solchergestalt konstruierte Schrauben arbeiten erfahrungsgemäß am ruhigsten und gestatten einen stoßfreien Abfluß des Wassers.

Befestigung der Schraube. Die Befestigung der Schraube geschieht mittelst eines oder mehrerer Flachkeile und Kapselmutter auf dem konischen Ende des Schraubenschaftes. Die Konizität des letzteren sollte, um ein bequemes Auswechseln schadhaft gewordener Propeller zu ermöglichen, nicht kleiner als 1 : 10 bis 1 : 14 gemacht werden, da sonst ein Abnehmen des Propellers mit großen Schwierigkeiten verknüpft ist. Die Kapselmutter muß gegen Losdrehen durch einen oder mehrere kleine Stifte gesichert sein, und ist ferner zu berücksichtigen, daß bei rechtsgängigen Schrauben linksgängiges Gewinde, bei linksgängigen Schrauben Rechtsgewinde für die Kapselmutter vorzusehen ist. Durchaus unzulässig ist es, wie dies mitunter bei kleinen Propellern geschieht, dieselben ohne Keil, nur durch festes

Anziehen der Mutter auf dem Schraubenschaft festzuhalten. Durch gelegentliches Aufstoßen des Propellers etc. löst sich eine solche Verbindung ein wenig, und der Schraubenschaft rotiert alsdann, ohne die Schraube mitzunehmen, wodurch ein solches Boot natürlich vollständig manöverierunfähig wird. Bei schweren Schrauben verlängert man wohl auch den Schraubenschaft über das konische Ende heraus und lagert ihn nochmals in dem Rudersteven. Selbstverständlich kann in einem solchen Falle eine Kapselmutter nicht zur Anwendung kommen und wird eine gewöhnliche Sechskantmutter benutzt werden müssen.

Rechts- und Linkspropeller. Um sich sofort darüber klar zu sein, ob ein Schiff mit Rechts- oder Linkspropeller ausgerüstet ist, beachte man folgendes:

Man stelle sich mit dem Gesicht nach der Schraube, also zum Heck des Schiffes hin und beobachte dann die Welle bei Vorwärtsgang des Fahrzeuges. Von r e c h t s nach links drehend haben wir eine rechtsgängige Schraube, von l i n k s nach rechts drehend eine linksgängige Schraube vor uns (Fig. 1 u. 2).

Drei- und vierflügelige Schrauben arbeiten im allgemeinen ruhiger als zweiflügelige Schrauben, jedoch ist der Reibungswiderstand ersterer größer und infolgedessen der Wirkungsgrad auch nicht besser wie bei Zweiflügelschrauben, deren Nachteil in einem größeren Rücklauf oder Slip besteht.

Slip. Unter Slip versteht man die Differenz oder den Verlust, um welchen die Schiffsgeschwindigkeit hinter dem Schraubenweg in achsialer Richtung zurückbleibt, d. h. z. B. ein Boot, dessen Schraube eine Steigung von einem Meter hat und in der Minute 100 Umdrehungen macht, müßte theoretisch in der Minute auch 100 Meter durchfahren. In Wirklichkeit legt dieses Boot jedoch vielleicht nur 80 Meter zurück und würde also 20 Meter Verlust in der Minute haben, oder wie es üblicherweise heißt: einen Slip von 20 % haben. Der Slip beträgt unter gewöhnlichen Verhältnissen ca. 10 bis 25 %, steigt jedoch bei sehr hohen Tourenzahlen bis auf 35—40 % an und ist auch ferner abhängig vom Tiefgang des

Fahrzeuges, von der Größe der Schraube zum Schiff sowie auch von der Form des Hinterschiffes und der Anordnung des Propellers am Schiffshinterteil. Es sind sogar mitunter Schrauben mit negativem Slip beobachtet worden; derselbe bedeutet stets einen Kraftverlust und ist daher für die Schiffsgeschwindigkeit sehr ungünstig. Er ist die Folge einer fehlerhaften Schiffskonstruktion, d. h. der Verlauf der Wasserlinien des Hinterschiffes ist der Schiffsgeschwindigkeit nicht richtig angepaßt. Je tiefer ein Schiff eintaucht, um so günstiger ist der Wirkungsgrad des Propellers, d. h. um so kleiner fällt der Slip bei im übrigen gleichen Verhältnissen aus.

Man unterscheidet zwischen einem scheinbaren und einem tatsächlichen Slip; der scheinbare Slip ist stets kleiner als der tatsächliche Slip und wird den Berechnungen der Schraube zugrunde gelegt. Er wird pro Meter Propellerweg ausgedrückt durch die Formel

$$S_s = \frac{C - v}{C} = \frac{\text{Schraubengeschwindigkeit} - \text{Schiffsgeschwindigkeit}}{\text{Schraubengeschwindigkeit.}} \quad (2)$$

Der tatsächliche Slip dagegen würde sein:

$$St = \frac{C - (v - U)}{C}. \quad (3)$$

Hierin ist C die achsiale Geschwindigkeit der Schraube in m pro Minute, d. i.

$$C = n \cdot H \quad (4)$$

(n = Umdrehungen p. Min., H = Steigung in Metern)

v die Schiffsgeschwindigkeit in m p. Min., d. i.

$$v = \frac{V \cdot 1852}{60 \cdot 0{,}9 \text{ bis } 0{,}7 \text{ etc.}} \text{ (entsprechend dem Slip)} \quad (5)$$

wenn V die Anzahl der Knoten pro Stunde bedeutet

(1 Knoten oder Seemeile = 1852 m)

U ist die Geschwindigkeit des Vorstromes oder Sog.

Vorstrom oder Sog. Unter Vorstrom oder Sog versteht man einen nach vorn gerichteten Wasserstrom, der dadurch entsteht, daß das vom fahrenden Schiff verdrängte Wasser nicht an seine ursprüngliche Stelle zurückkehrt, sondern dem

Hinterteil des Fahrzeuges ununterbrochen mit einer bestimmten Geschwindigkeit nachströmt. Er schwankt zwischen 3 und 20 % der Schiffsgeschwindigkeit und beträgt im Mittel ca. 5—10 %. Der Sog wächst mit der Völligkeit des Schiffes, während seine Geschwindigkeit abhängig ist von der Schiffsgeschwindigkeit. Für die Intensität des Vorstromes ist die Größe der Flügelfläche maßgebend. Eine genauere Berechnung des Sog ist ziemlich kompliziert und soll daher auf seine Feststellung hier nicht weiter eingegangen werden.

Fliege berechnet die scheinbare Schlüpfung der Schraube nach der Formel:

$$S = \frac{1,5}{\delta} \cdot \sqrt{\frac{H \cdot V}{D \cdot (t - 0,2)}}. \qquad (6)$$

(δ = Schraubenkreisfläche, t = Tiefgang, siehe Seite 20.)

Der Geschwindigkeit V entsprechend kann man für $H : D$ annehmen:

I.

$V =$	2	3	4	5	6	7	8	10	12	14	16	18	20	Knoten
$H : D =$	0,5	0,6	0,7	0,8	0,9	1,0	1,2	1,25	1,3	1,35	1,4	1,45	1,5.	

Der Wirkungsgrad der Schraube in Prozenten ausgedrückt wäre hiernach:

$$\eta = \frac{100 - S}{100}. \qquad (7)$$

Slipberechnungen. Die Berechnung des Slips aus angestellten Probefahrten soll in Nachstehendem durch einige Beispiele erläutert werden:

I. Die Geschwindigkeit des Fahrzeuges betrug 10,5 km, die Umdrehungszahl der Maschine 750 pro Minute, die Steigung der Schraube 0,3 m. Wieviel Slip hatte der betreffende Propeller?

Der theoretische Weg wäre 750 × 0,3 = 225 m pro Minute, pro Stunde 225 × 60 = 13 500 m oder 13,5 km. Der Verlust beträgt demnach 13 500 — 10 500 = 3 000 m pro Stunde, in % ausgedrückt

$$\frac{3\,000 \times 100}{13\,500} = \text{rd. } 22\%.$$

II. Geschwindigkeit 18,7 km, Steigung 1,2 m, Umdrehungszahl der Maschine 350.

$$\text{Slip} = \frac{[(1{,}2 \cdot 350 \cdot 60) - 18\,700 \cdot 100]}{1{,}2 \cdot 350 \cdot 60} = \frac{(25\,200 - 18\,700) \cdot 100}{25\,200} =$$

$$= \frac{6\,500 \cdot 100}{25\,200} = \text{rd. } 25\%.$$

Umgekehrt läßt sich die Schiffsgeschwindigkeit leicht berechnen, wenn der Slip bekannt ist, z. B.

III. Die Steigung sei 0,4 m, die Umdrehungszahl betrage 535, der Slip 6,5 %. Wie groß ist dann die Schiffsgeschwindigkeit?

6,5 % sind 0,065 vom theoretischen Weg, also bleibt als Rest desselben 1,0 — 0,065 = 0,935, d. i. 0,93 · 0,4 · 535 · 60 = rd. 12 km.

Ist die Geschwindigkeit in Knoten pro Stunde angegeben, so wird bei der Berechnung des Slips die Anzahl der Knoten mit der Zahl 1852 multipliziert; das Beispiel II würde alsdann folgendermaßen angesetzt werden müssen

$$\frac{[(1{,}2 \cdot 350 \cdot 60) - (U \cdot 1852)] \cdot 100}{1{,}2 \cdot 350 \cdot 60}.$$

U wäre die Anzahl der Knoten, also in diesem Falle gleich 10.

Um eine Schraube richtig konstruieren zu können, bedarf man folgender Hauptangaben:

1. Durchmesser,
2. Steigung,
3. abgewickelte Flügelfläche,
4. Form und Stellung der Erzeugenden.

2. Kapitel.

Durchmesser.

Der Durchmesser der Schraube ist in erster Linie abhängig vom Tiefgang des betreffenden Fahrzeuges in beladenem Zustande und darf nur so groß gewählt werden, daß sich noch eine genügende Schicht Wasser über derselben befindet, da andernfalls durch Mitreißen von Luft ihr Wirkungsgrad höchst ungünstig beeinflußt wird. Nach einer allgemein gültigen Regel macht man die Entfernung der Flügelspitzen von Oberkante Wasserspiegel gleich $0{,}25 : \sqrt{D}$.

Bei Schiffen mit unverhältnismäßig großer Maschinenleistung, z. B. Trainier- und Torpedobooten, wird der Schraubendurchmesser so groß, daß die Flügel aus dem Wasser herausragen würden, und ist man in solchen Fällen gezwungen, die Schrauben so tief zu lagern, daß sie unter dem Schiffskörper hervorragt (Fig. 7 u. 8), oder man verwendet mehrere Schrauben von kleinerem Durchmesser.

I. Um einen ungefähren Anhalt zu haben, bringt man die Schraubenkreisfläche δ in ein gewisses Verhältnis zum eingetauchten Hauptspantareal $\otimes$ und setzt alsdann:

$$\delta = \frac{\frac{1}{4} \pi d^2}{\otimes} \tag{8}$$

$\delta = 0{,}25 - 0{,}75$ für 3- und 4flügelige Schrauben, gewöhnlich 0,33,

$\delta = 0{,}16 - 0{,}45$ für 2flügelige Schrauben, gewöhnlich 0,2 bis 0,25,

$\delta = 0{,}2 - 0{,}3$ für zwei 3flügelige Schrauben.

Dieses ist die einfachste, aber auch ungenaueste Art der Feststellung des Durchmessers.

Schrauben für hohe Tourenzahlen. II. Eine andere Formel zur Berechnung des Propellerdiameters setzt das Bekanntsein ihrer Steigung voraus und wird namentlich dort angewandt werden können, wo sehr hohe Tourenzahlen, wie beispielsweise bei Elektromotoren (ca. 600—800) als Antriebsmaschinen vorgesehen sind. Danach beträgt der Propellerdurchmesser:

$$D = \frac{H \cdot \cot g\, \alpha}{\pi} \tag{9}$$

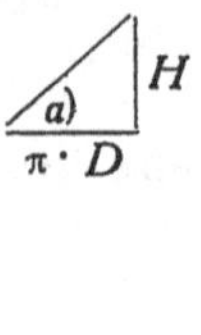

Der Steigungswinkel α (am äußersten Umfange der Schraube gemessen), den man aus der Formel berechnet

$$tg\,\alpha = \frac{H}{\pi \cdot D} \tag{10}$$

ist entsprechend einer Tourenzahl von 800—400 pro Minute aus folgender Tabelle zu entnehmen:

II.

Umdreh.	815	785	750	715	685	650	615	585	550
Steigungs ∢	10°	11°	12°	13°	14°	15°	16°	17°	18°
Umdreh.	500	450	400	350	300	250	200	150	100
Steigungs ∢	19°	20°	21°	22°	23°	24°	25°	26°	27°

Für Schrauben mit normaler Umdrehungszahl beträgt der Steigungswinkel zwischen 22 und 26°.

III. Sind die Pferdestärken und Umdrehungszahlen der Maschine bekannt, dann kann der Durchmesser berechnet werden nach der Formel:

$$D = k \sqrt{\frac{Ni}{n^3 \cdot H^3}} \tag{11}$$

Ni = Indizierte Pferdestärken der Maschine, k ist ein Koëffizient, der im Mittel etwa 1000 beträgt, für kleinere Maschinen ca. 750, für große bis zu 1200.

Ingenieur Fliege hat durch Umrechnen diesen sehr unbeständigen Koëffizienten k zu einem fast konstanten Wert C verändert; es ist der Durchmesser alsdann:

$$D = \frac{C \cdot N_i^{\,0,5}}{n^{1,4} \cdot H^x} \tag{12}$$

Es ist bei Schiffsschrauben mit 4 Flügeln $C = 446$, $x = 1{,}26$

bei 3 Flügeln $C = 460$, $x = 1{,}25$

bei 2 Schrauben mit je 4 Flügeln $C = 460$, $x = 1{,}25$

bei 2 Schrauben mit je 3 Flügeln $C = 476$, $x = 1{,}24$

für Torpedoboote etc. (nach Fig. 7 u. 8).

für 1 Schraube mit 3 Flügeln $C = 476$, $x = 1{,}24$

für 2 Schrauben mit 3 Flügeln $C = 494$, $x = 1{,}23$

Um aus diesen Formeln den Durchmesser berechnen zu können, muß die Kenntnis und der Gebrauch der Logarithmentafeln vorausgesetzt werden.

3. Kapitel.

Steigung.

Die Steigung berechnet man entweder aus dem Schraubendurchmesser oder aus der Umdrehungszahl und der Schiffsgeschwindigkeit.

I. Aus dem Schraubendurchmesser berechnet, nimmt man die Steigung für normale Verhältnisse allgemein zu $H = D$ bis $H = 1{,}6\ D$ entsprechend einer Geschwindigkeit von 8 bis 24 Knoten pro Stunde an. Der günstigste Wirkungsgrad liegt bei $H = 1{,}4\ D$, jedoch ändert sich derselbe nur wenig innerhalb der Grenzen von 1,2—1,6 D. Für kleinere Geschwindigkeiten und hohe Tourenzahlen kann man H indes nur 0,55—0,8, am besten gleich 0,7 D annehmen, da man andernfalls einen zu großen Steigungswinkel und infolgedessen einen schlechten Wirkungsgrad erhält.

II. Ist die Maschine für das betreffende Fahrzeug sowie dessen Geschwindigkeit bereits festgelegt, dann ergibt sich die Steigung aus der Umdrehungszahl n des Motors, der Schiffsgeschwindigkeit V in Knoten pro Stunde und dem Rücklauf oder Slip nach der Gleichung:

$$H = \frac{30{,}866 \cdot V}{n \cdot \eta} \text{*)} \qquad (13)$$

Ist v gegeben, so ist $H = \frac{v}{n}$ in Metern. Die Umdrehungszahl der Maschine ist je nach Größe und Art der Motoren sehr verschieden und beträgt im Mittel:

Für sehr große Schiffe . . . . etwa 70—110 p. Min.
„ kleine und mittlere Dampfer . etwa 110—180 „ „
„ ganz kleine Schiffe mit leichten Dampfmaschinen . . . . . . bis 500 „ „
„ Benzin- und Petroleummotoren . ca. 300—500 „ „
„ Elektromotoren bei direkter Kuppelung etwa 500—800, in seltenen Fällen sogar 1000 Umdrehungen.

Zahnradübersetzungen vermeidet man gern, da dieselben neben störendem Geräusch und schnellem Verschleiß

*) Die Zahl 30,866 entspricht einem Knoten pro Stunde, reduziert auf die Minute d. i. 1852 : 60 = 30,866.

auch Kraftverluste verursachen. Die Tourenzahl der betr. Maschine ergibt sich aus Steigung und Geschwindigkeit nach der Formel

$$n = \frac{30{,}866 \cdot V}{H \cdot \eta} \qquad (14)$$

Schrauben mit veränderlicher Steigung. Wie früher bereits angedeutet worden ist, kann die Steigung einer Schraube sowohl konstant als auch veränderlich sein. In letzterem Falle unterscheidet man Schrauben mit radial veränderlicher Steigung und Schrauben mit verschiedener Ein- und Austrittssteigung. Dieserart konstruierte Schrauben sind gebräuchlicher als jene. Bei Schrauben mit radial veränderlicher Steigung legt man die mittlere, welche auf 0,7 *R* liegt, der Berechnung zugrunde; an der Nabe ist die Steigung alsdann

$$H^1 = \frac{H}{n} \qquad (15)$$

während sie am Umfang

$$H^2 = \frac{H - 0{,}3\,H^1}{0{,}7} \qquad (16)$$

beträgt. Bei Schrauben mit peripherial veränderlicher Steigung versteht man unter der mittleren Steigung das arithmetische Mittel von Ein- und Austrittssteigung, also

$$H^m = \frac{He + H^a}{2} \qquad (17)$$

Nach Nystroms pocket book of Engineering soll die Steigung am Umfang gleich dem doppelten Durchmesser sein, verringert sich nach der Mitte zu und ist endlich an der Nabe um den vorausgesetzten Slip kleiner als am Umfange. Andere Konstrukteure wieder machen die Steigung am Umfange und an der Nabe einander gleich und verlegen die größte Steigung nach der Mitte des Schraubenflügels, von wo aus dieselbe alsdann nach oben und unten zu allmählich abnimmt.

Für Torpedoboote benutzt man mitunter Schrauben, bei welchen die Steigung sowohl radial als auch zwischen den Ein- und Austrittskanten variabel ist; man hat jedoch damit keine nennenswerten Erfolge erzielt.

Bei Schrauben mit veränderlicher Ein- und Austrittssteigung muß erstere stets kleiner sein als letztere, jedoch wird dieselbe nach der Nabe zu wieder ersterer gleich.

Die hierfür gültige Formel ist: Austrittssteigung gleich Eintrittssteigung plus Produkt aus Eintrittssteigung und Slip in %.

$$H^a = H^e + \frac{H \cdot S}{100} \qquad (18)$$

Es betrage z. B. die Eintrittssteigung 4 m, der Slip 20 %. Die Austrittssteigung betrüge demnach:

$$H^a = 4 + \frac{4 \times 20}{100} = 4 + \frac{4}{5} = 4 + 0{,}8 = 4{,}8 \text{ m}$$

Berichtigung der Steigung. Bei Berechnung der Steigung hat man insofern vorsichtig zu verfahren, als eine zu groß gewählte Steigung leicht die ganze Schraube unbrauchbar macht, während mit einer zu kleinen Steigung immerhin noch brauchbare Resultate erzielt werden. Bei größeren Schrauben mit aufgesetzten Flügeln hilft man sich dadurch, daß man die Schraubenlöcher im Flügelflansch oval formt.

Nach den Ergebnissen der Probefahrten werden die Flügel alsdann je nach Bedarf nach der einen oder anderen Seite hin etwas versetzt, wodurch in gewissen Grenzen eine größere oder kleinere Steigung erzielt wird.

Eine zu große Steigung ist aus dem Grunde ungünstig, weil die Maschine mit einer solchen Schraube ihre normale Tourenzahl nicht erreicht und infolgedessen ihren günstigsten Wirkungsgrad, welcher bekanntlich bei allen Motoren bei einer bestimmten Umdrehungszahl liegt, nicht erreicht. Bei zu kleiner Steigung würde sich die Tourenzahl allerdings vergrößern, doch bedeutet dies, sofern nicht eine maßvolle Grenze überschritten wird, keinen allzugroßen Uebelstand. Bei Dampfmaschinen als Antriebskraft kann man die erzeugte Dampfmenge infolge der verminderten Tourenzahl nicht ausnutzen, was umgekehrt nicht der Fall ist und natürlich zugunsten einer kleineren Steigung spricht.

Bei kleinen leichten Schrauben aus Bronze oder Deltametall hilft man sich durch Nachrichten der Schrauben mittelst Hämmern auf einer Richtplatte mit Hilfe von Blechschablonen, um die Steigung entsprechend den Versuchsfahrten zu korrigieren.

Bei gußeisernen oder Stahlgußschrauben, sofern dieselben aus einem Stück bestehen, ist an der Steigung nichts mehr zu ändern.

---

4. Kapitel.

Abgewickelte Flügelfläche.

Außer Durchmesser und Steigung spielt auch die Fläche der zu konstruierenden Schraube eine wichtige Rolle; dieselbe muß ebenfalls richtig gewählt werden, um einen zweckentsprechenden Propeller zu erhalten.

Der Berechnung der abgewickelten Flügelfläche legt man zu Grunde:

I. Das Verhältnis des Hauptspantareals zur Schraubenkreisfläche.

II. Den Schiffswiderstand (nach Froude).

III. Die Umdrehungszahl und Pferdestärken der Maschine.

1. Bei Ableitung der Flügelfläche aus dem Hauptspantareal bestimmt man dieselbe wie folgt:

$$\frac{\text{Hauptspantareal}}{\text{Areal der abgewickelten Flügelfläche}} = 14-16$$

$$\text{im Mittel} = 15.$$

Wieder andere Konstrukteure machen die Schraubenfläche gleich einem Bruchteil der Schraubenkreisfläche. Es lautet die diesbezügliche Formel hierfür $F = \frac{1}{4} - \frac{1}{6}$ S, für 3-, resp. 4-flügelige Schrauben, $\frac{1}{5} - \frac{1}{8}$ S bei 2-flügeligen Propellern. (S. = Schraubenkreisfläche).

2. Ist der Schiffswiderstand bekannt, dann ergibt sich nach Froude die wirksame Flügelfläche nach der Gleichung:

$$F = 0{,}107 \cdot \frac{R}{V^2} \tag{19}$$

(R, gleich Schiffswiderstand in Kilogramm).

Da nun aber die Schraube doch durch die Kraft der Maschine bewegt wird und infolgedessen in erster Linie von dieser abhängig ist, wird es wohl immer das Richtigste sein, wenn man, wie bereits den Durchmesser und die Steigung, auch die Flügelfläche von ihr abzuleiten sucht. Man bedarf hierzu der Tourenzahl und indizierten Pferdekräfte der Maschine.

Es ist die abgewickelte Flügelfläche F alsdann:

$$= K \sqrt{\frac{N_i}{n}} \tag{20}$$

K ist ein Koeffizient, welcher bei verschiedenen Schiffen und Geschwindigkeiten auch verschiedenartig ausfällt und nach praktischen Erfahrungen, die man mit ähnlichen Schiffen gemacht hat, aufgestellt worden ist. Aus nachstehender Tabelle kann man die Werte von K für die hauptsächlichsten Schiffstypen entnehmen:

III.

Art der Schiffe	Geschwind. in Knoten	Anzahl der Flügel	K.
1. Frachtdampfer völlig geb. . .	8—10	4	1,8—1,6
2. Frachtdampfer gewöhnlicher Bauart	10—13	4	1,6—1,4
3. Postdampier	13—17	4	1,4—1,2
4. Postdampfer mit 2 Schrauben	13—17	4	1,3—1,2
5. Schnelldampfer sehr scharf. .	17—22	4	1,2—1,0
6. Schnelldampfer m. 2 Schrauben	17—22	3	1,0—0,8
7. Torpedoboote	20—26	3	0,7—0,5
8. Schlepper	6—8	3	2,0—1,8
9. Kleine Vergnügungsboote . . .	5—7	2	2,5—2,2

Flügelfläche bei Schrauben von mehr als 3,5 m Tiefgang. Nach „Fliege", der über die Dimensionen von Propellern sehr eingehende praktische Versuche angestellt hat, ist die Flügelfläche bei einem Tiefgang der Schrauben von mehr als 3,5 m:

$$F = \frac{C^1 \cdot D}{H \cdot n} \cdot \sqrt{N_i} \tag{21}$$

(unter Tiefgang „t" der Schraube versteht man den Abstand von Mitte Nabe bis zum Wasserspiegel).

C^1 ist = 13,9 für Schiffe	m. 1	Schraube	von	4	Flügeln
C^1 „ = 12,9 „ „	{ „ 1	„	„	3	„
	„ 2	„	v. je	4	„ }
C^1 „ = 11,9 „ „	„ 2	„	„	3	„
C^1 „ = 10,8 „ Torpedobt.	{ „ 1	„	von	3	„
	„ 2	„	v. je	3	„ }

Flügelfläche bei Schrauben unter 3,5 m Tiefgang. Ist der Tiefgang geringer als 3,5 m, was wohl meistens der Fall sein wird, dann gewähren folgende Formeln brauchbare Resultate:

I. Für Schiffe mit einer 4 flügeligen Schraube:

$$F = \frac{28 \cdot D}{H \cdot n} \cdot \sqrt{\frac{N_i}{t + 0,2}} \tag{22}$$

II. Für Schiffe mit zwei 4 flügeligen Schrauben:

$$F = \frac{27,1 \cdot D}{H \cdot n} \cdot \sqrt{\frac{N_i}{t + 0,8}} \tag{23}$$

III. Für Schiffe mit zwei 3 flügeligen Schrauben:

$$F = \frac{26,2 \cdot D}{H \cdot n} \cdot \sqrt{\frac{N_i}{t + 1,5}} \tag{24}$$

IV. Für Torpedoboote mit einer 3 flügeligen Schraube:

$$F = \frac{24 \cdot D}{H \cdot n} \cdot \sqrt{\frac{N_i}{t + 3,0}} \tag{25}$$

V. Für Torpedoboote mit zwei 3 flügeligen Schrauben:

$$F = \frac{25 \cdot D}{H \cdot n} \cdot \sqrt{\frac{N_i}{t + 2,5}} \tag{26}$$

Völligkeit der Flügelspitzen. Zu bemerken ist hierbei jedoch, daß diese Formeln nur dann gültig sind, wenn die Völligkeit der Flügelspitzen zirka 0,475 beträgt, in welcher Form die Schrauben für normale Seeschiffe meistens ausgeführt werden.

Bei Flußdampfern und Schiffen mit geringem Tiefgang wird man, um die nötige Flügelfläche zu erhalten, oft einen bedeutend größeren Völligkeitskoëffizienten vorsehen müssen. Hierdurch wird jedoch wiederum eine andere Umdrehungszahl der Schraube bedingt, die alsdann nach der Formel:

$$n^1 = \frac{0{,}475 \cdot n}{\varphi} \tag{27}$$

berechnet wird.

φ bezeichnet die Völligkeit der Flügelspitzen einer Schraube; dieselbe ergibt sich aus dem Verhältnis der Gesamtfläche eines Flügels zu der Fläche, welche über 0,6 des Schraubenradius hinausliegt, also:

$$\varphi = \frac{F^1}{F}. \tag{28}$$

Durch Tiefgang beeinflußte Veränderungen der Flügelfläche. Da der Tiefgang des Fahrzeuges bei den Abmessungen der Schraube eine wichtige Rolle spielt, ist man zuweilen in der Lage, den Durchmesser größer machen zu können, als ihn die Formel 12 ergibt; oder aber ein beschränkter Tiefgang zwingt den Konstrukteur, denselben zu verringern. In beiden Fällen wird man demnach auch die Flügelfläche verändern müssen, in ersterem Falle entsprechend verkleinern, in letzterem dagegen vergrößern, damit derselbe Widerstand wie bei der ursprünglich berechneten Schraube geschaffen wird.

Ist der Durchmesser größer gegeben, so wendet man zur Umrechnung nachstehende Formel an:

$$n = \frac{n_2 + n_3}{2}. \tag{29}$$

Es bezeichnet:

n die Umdrehungszahl der Maschine pro Minute,

n_2 die aus Formel 12 sich ergebende Tourenzahl,

n_3 die Umdrehungszahlen, welche in Formel 21 oder 22—26 einzusetzen sind.

Es wird nun nach Formel 12:

$$n_2^{1,4} = \frac{C \cdot Ni^{0,5}}{D \cdot H^x} \tag{30}$$

oder $$n_2 = \frac{\log C + 0{,}5 \cdot \log Ni - (\log D + x \cdot \log H)}{1{,}4}$$

C ist der Koëffizient, welcher bei Berechnung des Durchmessers in Frage kommt.

x ist der Exponent für die Steigung (siehe Formel 12).

Aus obiger Formel für

$$n = \frac{n_2 + n_3}{2}$$

ergibt sich für

$$n_3 = 2 \cdot n - n_2. \quad (31)$$

Wird nun dieser Wert von n_3 in die Formel 21 oder 22—25 für n eingesetzt, so erhält man diejenige Fläche, welche dem veränderten Durchmesser entsprechen würde.

Bei verkleinertem Durchmesser kann es passieren, daß die Flügel sich verdecken, was unzulässig ist, da eine solche Schraube einen sehr schlechten Wirkungsgrad ergibt infolge des zwischen den Flügeln befindlichen Wassers, welches nicht ablaufen kann. Man muß in derartigen Fällen die Steigung vergrößern und die Flügelflächen verkleinern, es wird alsdann (nach Formel 12):

$$H^1 = Ni^{\frac{\log C + 0{,}5 \cdot \log Ni - (\log D + 1{,}4 \cdot \log n)}{x}} \quad (32)$$

Setzt man den Wert von H^1 in die Formeln 21 oder 22—26 ein, so erhält man die der veränderten Steigung entsprechende Flügelfläche.

Form der Flügel. Die Form des Flügels spielt im allgemeinen keine so wesentliche Rolle, als man gemeiniglich hin annimmt, und kann daher ziemlich willkürlich gewählt werden (siehe Abbildungen Tafel I—IV Fig. 10—27).

Wesentlicher ist, daß die Austrittsfläche größer gemacht wird als die Eintrittsfläche. Die größte Breite des Flügels pflegt man gewöhnlich auf 0,6—0,7 des Radius zu legen, doch weicht man, namentlich bei kleineren Schrauben, nicht selten hiervon ab und macht wie z. B. in Fig. 13 den Flügel am Umfang am breitesten.

Auf den Wirkungsgrad der Schraube hat der von 0,6—0,7 R nach der Nabe hin liegende Teil der Flügelfläche keinen oder doch nur sehr geringen Einfluß, die für den Propeller in Frage kommende aktive Fläche befindet sich an der Spitze des Flügels (dem über 0,6 R hinausragenden Flächenteil). Die Völligkeit der Flügelspitzen ist, wie bereits früher erwähnt worden, für gewöhnliche Seeschiffe ca. 0,475, bei Flußschiffen und überhaupt Fahrzeugen mit geringem Tiefgang beträgt sie bis 0,55, in seltenen Fällen sogar noch mehr.

Querschnitt und Stärke des Flügels. Damit das Wasser beim Arbeiten der Schraube möglichst ohne Stoß getroffen wird, hat man den Querschnitten der Schrauben eine eigentümliche Form gegeben.

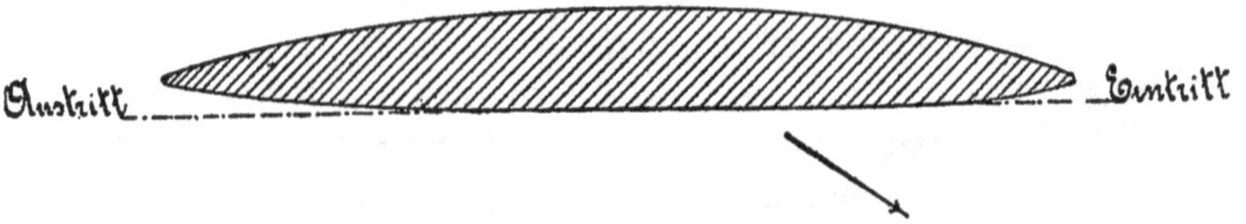

Fig. 28.

Entsprechend seiner Beanspruchung auf Biegung wird der Flügel an der Nabe am stärksten ausfallen und sich nach dem Umfang hin verjüngen.

Die Druckfläche des Flügels wird flach gehalten, die Rückseite zur Erlangung der notwendigen Stärke mehr oder minder stark gewölbt. Die Kanten des Flügels werden namentlich bei den stärkeren Querschnitten etwas zurückgebogen (unterschnitten), an der Austrittskante mehr wie an der Eintrittskante, um die stark saugende Wirkung an diesem Flügelteil aufzuheben.

Die Flügelstärke „S" in der Achse der Welle (Fig. 11) wird durchschnittlich ungefähr gleich $0{,}5\,d - 0{,}55\,d$ gemacht, wenn d den Wellendurchmesser bezeichnet.

Nach Rankine ist

$$S = b \frac{\frac{d^2 \pi}{4}}{4{,}5} \qquad (33)$$

wobei b die Breite des Flügels im Schnitt dicht über der Nabe ist.

Allgemein üblich ist auch folgende Formel:

$$S = 1{,}6 \sqrt{\frac{d^3}{a \cdot b}} \text{ für Bronze} \qquad (34)$$

$$S = 2 \sqrt{\frac{d^3}{a \cdot b}} \text{ für Gusseisen} \qquad (35)$$

$$S = 1{,}4 \sqrt{\frac{d^3}{a \cdot b}} \text{ für Stahlguß} \tag{36}$$

a — Anzahl der Flügel, b — Breite des Flügels in $\frac{R}{3}$ von von der Achse entfernt.

Es ist jedoch zweckmäßiger, den am stärksten beanspruchten Flügelquerschnitt an der Nabe auf Biegung zu berechnen. Zu diesem Zwecke denke man sich den Flügel als einen an einem Ende eingespannten Balken, der an seinem anderen Ende durch eine Last P^1 beschwert ist, die auf 0,6 R der Schraube anzunehmen ist (Fig. 29)

$$P^1 = \frac{PSe \cdot 75}{v}. \tag{37}$$

V ist hierin die Umfangsgeschwindigkeit des Flügels auf 0,6 R, es wäre demnach

$$P^1 = \frac{PSe \cdot 75 \cdot 60}{2 \cdot 0{,}6 R \cdot \pi \cdot n}. \tag{38}$$

Wird dieser Wert durch die Anzahl der Flügel dividiert, so erhält man die Kraft P, welche einen Flügel auf Biegung beansprucht, d. h. es ist

$$P \cdot l = W \cdot kb. \tag{39}$$

(l = 0,6 r, die Entfernung des Angriffspunktes der Kraft vom gefährlichen Querschnitt).

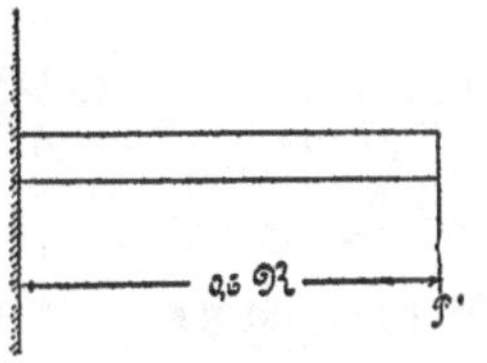

Fig. 29.

Das Widerstandsmoment dieses Querschnitts bestimmt man annähernd, wenn man hierfür die Hälfte des Widerstandsmomentes nimmt, welchen eine Rechtecksfläche besitzt, die diesen Querschnitt einhüllt, also

$$W = \frac{b \cdot h^2}{12} \text{ oder} \tag{40}$$

$$P \cdot l = \frac{b \cdot h^2}{12} kb. \tag{41}$$

kb ist für Gußeisen ca. 300, für Gußstahl und Phosphorbronze ca. 500.

Es sei die Flügelstärke eines 4 flügeligen Propellers zu berechnen, welcher von einer Maschine angetrieben wird, die bei 70 Umdrehungen pro Minute 3000 PS. leistet. Der Schraubendurchmesser sei 5,5 m, die Breite des Flügels über der Nabe 920 mm. Setzt man nun in die Formel

$$P^1 = \frac{PSe \cdot 75 \cdot 60}{2 \cdot 0{,}6\, R \cdot \pi \cdot n}$$

die betreffenden Werte ein, so erhält man die Gleichung

$$P^1 = \frac{3000 \cdot 75 \cdot 60}{2 \cdot 0{,}6 \cdot 2{,}75 \cdot 3{,}14 \cdot 70} = \frac{675000}{1{,}65 \cdot 22} = \frac{675000}{36{,}3} = rd.\ 18600 \text{ kg};$$

dividiert durch die Anzahl der Flügel, in diesem Falle also durch 4, wäre 18 600 : 4 = 4650 Kg. per Flügel und weiter

$$P \cdot l = W \cdot kb \text{ ist gleich } 4650 \cdot 165 = W \cdot 300.$$

Da

$$W = \frac{b \cdot h^2}{12}$$

und $l = 0{,}6\ R$ in cm ist, kann man auch schreiben

$$4650 \cdot 165 = \frac{b \cdot h^2}{12} \cdot 300$$

b ist 92 cm also

$$4650 \cdot 165 = \frac{92 \cdot h^2}{12} \cdot 300$$

$$\frac{h^2}{12} \text{ demnach} = \frac{4650 \cdot 165}{92 \cdot 300} =$$

$$h^2 = \frac{4650 \cdot 165 \cdot 12}{92 \cdot 300} = \frac{15\,345}{46} = 333{,}6.$$

$$h = \sqrt[2]{333.6} = \text{rd. } 18{,}3 \text{ cm oder } 183 \text{ mm}$$

womit die gesuchte Flügelstärke gefunden wäre.

5. Kapitel.

Übungsbeispiele.

Nachdem im Vorstehenden sämtliche, für eine Schraube wichtigen Anhaltspunkte durchgesprochen worden sind, sollen diese nunmehr an Hand einiger praktischer Beispiele erprobt werden.

I. Beispiel: Es soll die 4 flügelige Schraube eines Fracht- und Personendampfers berechnet werden. Gegeben sei: $Ni = 4000$, $V = 15{,}0$ Knoten, $n = 70$, $t = 3{,}25$, ☸ Areal $= 77{,}0$ qm, das Verhältnis $H : D = 1{,}37$ entsprechend einer Geschwindigkeit V von 15 Knoten, $\varphi = 0{,}54$, $\delta = 0{,}31$.

$$S = \frac{1{,}5}{\delta} \cdot \sqrt{\frac{H}{D} \cdot \frac{V}{(t - 0{,}2)}} = \frac{1{,}5}{0{,}31} \sqrt{1{,}37 \, \frac{15}{(3{,}25 - 0{,}2)}} =$$

$$4{,}8 \sqrt{1{,}37 \, \frac{15}{3{,}05}} = 4{,}8 \sqrt{1{,}37 \cdot 4{,}9} = 4{,}8 \sqrt{6{,}7} = 4{,}8 \cdot 2{,}5 = 12\,\%$$

$$\eta = \frac{100 - S}{100} = \frac{100 - 12}{100} = 0{,}88$$

$$H = \frac{30{,}866 \cdot V}{n \cdot \eta} = \frac{30{,}866 \cdot 15}{70 \,.\, 0{,}88} = \frac{462{,}99}{61{,}6} = 7{,}5 \text{ m.}$$

Da für die Schraubenflügel eine Völligkeit von 0,54 vorgesehen worden ist, muß die Umdrehungszahl des Propellers berichtigt werden nach der Formel

$$n^1 = \frac{0{,}54 \cdot 70}{0{,}475} = \frac{37{,}8}{0{,}475} = \text{rd. } 80 \text{ Umdrehungen.}$$

$$D = \frac{446 \cdot Ni^{0,5}}{n_1^{1,4} \, H^{1,26}} = \log. 446 + 0{,}5 \cdot \log. 4000 - (1{,}4 \cdot \log. 80 + $$
$$+ 1{,}26 \cdot \log 7{,}5) =$$
$$= 2{,}649 + 0{,}5 \cdot 3{,}6 - (1{,}4 \cdot 1{,}9 + 1{,}26 \cdot 0{,}875) =$$
$$= 2{,}649 + 1{,}8 - (2{,}66 + 1{,}1) =$$
$$= 4{,}44 - 3{,}76 =$$
$$0{,}68 \text{ oder } 5{,}0 \text{ m } \Phi$$

$$F = \frac{28 \cdot D}{H \cdot n} \cdot \sqrt{\frac{Ni}{(t + 0{,}2)}} = \frac{28 \cdot 5{,}0}{7{,}5 \cdot 80} \sqrt{\frac{4000}{(3{,}25 + 0{,}2)}} =$$

$$= \frac{140}{600} \sqrt{\frac{4000}{3{,}45}} = 0{,}233 \sqrt{1159} = 0{,}233 : 34 = 8{,}0 \text{ m}^2$$

II. Beispiel: Für ein Torpedoboot ist eine 3 flügelige Schraube zu berechnen. Gegeben sind $Ni = 1250$, $V = 22$ Knoten, $n = 348$, ☸ Areal $= 4{,}7$ qm, $t = 0{,}75$, $H : D = 1{,}55$, $\varphi = 0{,}45$, $\delta = 0{,}65$.

$$S = \frac{1{,}5}{\delta} \sqrt{\frac{H}{D} \, \frac{V}{(t - 0{,}2)}} = \frac{1{,}5}{0{,}65} \sqrt{1{,}55 \, \frac{22}{(0{,}75 - 0{,}2)}} =$$

$$2{,}3 \sqrt{1{,}55 \, \frac{22}{0{,}55}} = 2{,}3 \sqrt{1{,}55 \cdot 40} = 2{,}3 \sqrt{62} = 2{,}3 \cdot 7{,}87 =$$

$$= 18{,}1\,\% \text{ Slip}$$

$$\eta = \frac{100 - S}{100} = \frac{100 - 18}{100} = 0,82$$

$$H = \frac{30,866 \cdot V}{n \cdot \eta} = \frac{30,866 \cdot 22}{348 \cdot 0,82} = \text{rd. } 2,37 \text{ m.}$$

Die Umdrehungszahl muß wiederum umgerechnet werden, es wird demnach

$$n^1 = \frac{0,45 \cdot 348}{0,475} = \frac{156,6}{0,475} \text{ rd. } 330 \text{ Umdrehungen.}$$

$$D = \frac{476 \cdot Ni^{0,5}}{n^{1,4} \cdot H^{1,24}} = \log. 476 + 0,5 \cdot \log. 1250 -$$
$$- (1,4 \log. 330 + 1,24 \cdot \log. 2,37) =$$
$$= 2,678 + 0,5 \cdot 3,097 - (1,4 \cdot 2,518 + 1,24 \cdot 0,3748) =$$
$$= 2,678 + 1,548 - (3,5 + 0,46) = 4,226 - 3,96 =$$
$$= 0,266 \text{ also rd. } 1,85 \text{ m } \text{⌀}.$$

$$F = \frac{24 \cdot D}{H \cdot n} \cdot \sqrt{\frac{Ni}{(t+3)}} = \frac{24 \cdot 1,85}{2,37 \cdot 330} \cdot \sqrt{\frac{1250}{(0,75+3)}} =$$
$$= \frac{44,4}{782} \sqrt{\frac{1250}{3,75}} =$$
$$= 0,057 \sqrt{333} =$$
$$= 0,057 \cdot 18,248 = \text{rd. } 1,1 \text{ qm.}$$

III. Beispiel: Für einen Doppelschrauben-Schnelldampfer mit 2 Maschinen à 8000 PSi. sind zwei 3flügelige Schrauben zu berechnen. Gegeben sind: $Ni = 8000$, $V = 20$ Knoten, $n = 85$, $t = 3,85$ m, Hauptspantareal ⊗ $= 115$ qm, $\delta = 0,26$, $\varphi = 0,475$, das Verhältnis $H : D = 1,5$. Nach Tabelle I. auf Seite 17.

Der Slip wird sein

$$S = \frac{1,5}{\delta} \cdot \sqrt{\frac{H}{D} \cdot \frac{V}{t - 0,2}} = \frac{1,5}{0,26} \cdot \sqrt{\frac{1,5 \cdot 20}{3,85 - 0,2}} =$$
$$= \frac{1,5}{0,26} \sqrt{1,5 \cdot \frac{20}{3,65}} = 6 \sqrt{1,5 \cdot 5,48} = 6 \sqrt{8,2} = 6 \cdot 2,83 = \text{rd. } 17\%$$

$$\eta = \frac{100 - S}{100} = \frac{100 - 17}{100} = 0,83$$

$$H = \frac{30,866 \cdot V}{n \cdot \eta} = \frac{30,866 \cdot 20}{85 \cdot 0,83} = \frac{617,320}{70,5} = 8,75 \text{ m}$$

$$D = \frac{476 \cdot Ni^{0,5}}{n^{1,4} \cdot H^{1,24}} = \frac{476 \cdot 8000^{0,5}}{85^{1,4} \cdot 8,75^{1,24}} =$$

$$= \log. 476 + 0{,}5 \cdot \log. 8000 - (1{,}4 \cdot \log. 85 + 1{,}24 \cdot \log. 8{,}75) =$$
$$= 2{,}677 + 0{,}5 \cdot 3{,}9 - (1{,}4 \cdot 1{,}929 + 1{,}24 \cdot 0{,}942) =$$
$$= 2{,}677 + 1{,}95 - (2{,}7 + 1{,}17) = 4{,}627 - 3{,}87 = 0{,}757.$$

Hiervon der Numerus ist gleich 5,70 m Φ.

Für die Berechnung der Flügelfläche kommt infolge des Tiefganges der Schraube Formel 21 in Anwendung.

Es wäre also

$$F = \frac{11{,}9 \cdot D}{H \cdot n} \sqrt{Ni} = \frac{11{,}9 \cdot 5{,}7}{8{,}75 \cdot 85} \cdot \sqrt{8000} =$$
$$= \frac{67{,}83}{743{,}75} \cdot \sqrt{8000} = 0{,}09 \cdot 89 = \text{rd. } 8 \text{ qm.}$$

IV. Beispiel: Für einen Schleppdampfer mit beschränktem Tiefgange soll die Flügelfläche berechnet werden. Gegeben ist der Durchmesser $D = 1{,}5$ m, $Ni = 160$, $V = 9{,}0$ Knoten, $t = 0{,}85$, $\mathfrak{X} = 7{,}6$ qm, $\delta = 0{,}27$, $n = 185$, $\varphi = 0{,}475$, $H : D = 1{,}22$.

Der Slip wird

$$S = \frac{1{,}5}{\delta} \sqrt{\frac{H}{D} \frac{V}{t - 0{,}2}} = \frac{1{,}5}{0{,}27} \sqrt{1{,}22 \frac{9}{0{,}85 - 0{,}2}} =$$
$$= 5{,}5 \sqrt{1{,}22 \frac{9}{0{,}65}} = 5{,}5 \sqrt{1{,}22 \cdot 13{,}8} = 5{,}5 \sqrt{1{,}68} =$$
$$= 5{,}5 \cdot 4{,}1 = 22{,}5\%$$

$$\eta = \frac{100 - S}{100} = \frac{100 - 22{,}5}{100} = 0{,}775.$$

$$H = \frac{30{,}866 \cdot V}{n \cdot \eta} = \frac{30{,}866 \cdot 9}{185 \cdot 0{,}775} = \frac{277{,}7}{143{,}375} = \text{rd. } 1{,}9 \text{ m.}$$

Entsprechend dem Durchmesser der Schraube muß nun zunächst die Umdrehungszahl der Schraube ermittelt werden nach der Formel 30, also

$$n_2 = \frac{\log. 446 + 0{,}5 \cdot \log. Ni - (\log. D + 1{,}26 \cdot \log. H)}{1{,}4} =$$
$$= \frac{\log. 446 + 0{,}5 \cdot \log. 160 - (\log. 1{,}5 + 1{,}26 \cdot \log. 1{,}9)}{1{,}4}$$
$$= \frac{2{,}649 + 0{,}5 \cdot 2{,}2 - (0{,}176 + 1{,}26 \cdot 0{,}278)}{1{,}4}$$
$$= \frac{2{,}649 + 1{,}1 - (0{,}176 + 0{,}35)}{1{,}4} = \frac{3{,}749 - 0{,}526}{1{,}4} = \frac{3{,}223}{1{,}4} =$$
$$= 2{,}3 = 200 \text{ Umdrehungen.}$$

Die in Formel 31 einzusetzende Umdrehungszahl wird alsdann $n^3 = 2\ n - n^2, = 2\ .\ 185 - 200 = 370 - 200 = 170.$

$$F = \frac{28\,D}{H \cdot n^3} \sqrt{\frac{Ni}{t + 0{,}2}} = \frac{28 \cdot 1{,}5}{1{,}9 \cdot 170} \sqrt{\frac{160}{0{,}85 + 0{,}2}} = \frac{42}{323} \sqrt{\frac{160}{1{,}05}} =$$
$$= 0{,}13 \sqrt{152} = 0{,}13 \cdot 12{,}33 = 1{,}6 \text{ qm.}$$

V. Beispiel: Für die vorhandene Schraube eines Dampfers sollen die Umdrehungen durch Rechnung gefunden werden. Die vorhandenen Daten sind: $Ni = 300$, $D = 3{,}5$ m, $H = 3{,}75$ m, $F = 4$ qm, $\varphi = 0{,}46$, t 2,3, $\mathfrak{X} = 32$ qm, $V = 8{,}5$ (angenommen).

Nach Formel 30 wird

$$n_2 = \frac{\log. 446 + 0{,}5 \cdot \log. Ni - (\log. D + 1{,}26 \cdot \log. - H)}{1{,}4} =$$
$$= \frac{\log. 446 + 0{,}5 \cdot \log. 300 - (\log. 3{,}5 + 1{,}26 \cdot \log. 3{,}75)}{1{,}4} =$$
$$= \frac{2{,}649 + 0{,}5 \cdot 2{,}4771 - (0{,}5441 + 1{,}26 \cdot 0{,}574)}{1{,}4}$$
$$= \frac{2{,}649 + 1{,}238 - (0{,}5441 + 0{,}7232)}{1{,}4} = \frac{3{,}887 - 1{,}267}{1{,}4} = \frac{2{,}62}{1{,}4} =$$
$$= 1{,}87 \doteq 74 \text{ Umdrehungen.}$$

Nach Formel 22 ist

$$n^3 = \frac{28 \cdot D}{H \cdot F} \cdot \sqrt{\frac{Ni}{t + 0{,}2}} = \frac{28 \cdot 3{,}5}{3{,}75 \cdot 4} \sqrt{\frac{300}{2{,}3 + 0{,}2}} = \frac{98}{15} \sqrt{\frac{300}{2{,}5}} =$$
$$= 6{,}53 \sqrt{120} = 6{,}53 \cdot 10{,}95 = \text{rd. } 71{,}5 \text{ Umdrehungen.}$$

Nach Formel 29 wird

$$n = \frac{n^2 + n^3}{2} = \frac{74 + 71{,}5}{2} = 73 \text{ Umdrehungen.}$$

Da nun $\varphi = 0{,}46$, wird

$$n^1 = \frac{0{,}475 \cdot n}{\varphi} = \frac{0{,}475 \cdot 73}{0{,}46} = \frac{34{,}675}{0{,}46} = 75{,}5 \text{ Umdrehungen,}$$

$$\delta = \frac{\frac{D^2 \pi}{4}}{\mathfrak{X}} = \frac{9{,}62}{32} = 0{,}3;$$

der Slip demnach

$$\frac{1{,}5}{\delta}\cdot\sqrt{\frac{H}{D}\cdot\frac{V}{t-0{,}2}}=\frac{1{,}5}{0{,}3}\sqrt{1{,}07\cdot\frac{8{,}5}{2{,}3-0{,}2}}=5\sqrt{1{,}07\cdot\frac{8{,}5}{2{,}1}}$$

$$=5\sqrt{1{,}07\cdot 4}=5\sqrt{4{,}28}=5\cdot 2{,}05=10{,}25\,\%$$

$$\eta=\frac{100-S}{100}=\frac{100-10{,}25}{100}=0{,}8975;$$

die Geschwindigkeit V

$$V=\frac{n\cdot H\cdot\eta}{30{,}866}=\frac{75{,}5\cdot 3{,}75\cdot 0{,}897}{30{,}866}=\frac{253{,}94}{30{,}866}=8{,}23 \text{ Knoten.}$$

VI. Beispiel: Es sei die 2flügelige Schraube für ein Elektromotorboot zu berechnen, welches bei 3 PSi eine Geschwindigkeit von 10,5 Klm. erreichen soll. Der Slip betrage 22 pCt.*), die Umdrehungszahl des Motors 750 pro Minute, das eingetauchte Hauptspantareal des Bootes 0,76 qm.

Man berechnet zuerst die Schiffsgeschwindigkeit in Metern pro Minute nach Formel 5, also in diesem Falle

$$v=\frac{10\,500}{60\cdot 0{,}78}=224{,}3 \text{ m.}$$

Hieraus ergibt sich sodann die Steigung nach der Formel

$$H=\frac{v}{n}=\frac{224{,}3}{750} \text{ zu } 0{,}3 \text{ m.}$$

Auf Grund der gefundenen Steigung wird nunmehr der Durchmesser der Schraube nach Formel 9

$$D=\frac{H\cdot\cot.\alpha}{\pi}=\frac{0{,}3\cdot\cot.\alpha}{3{,}1416}=\frac{0{,}3\cot.12^0}{3{,}1416}=\frac{0{,}3\cdot 4{,}705}{3{,}1416}=\frac{1{,}115}{3{,}1416}=$$

$$=\text{rd } 0{,}45 \text{ m.}$$

Das Areal der abgewickelten Flügelfläche betrage nach dem auf Seite 19 Gesagten den 15. Teil der Hauptspantfläche, also

*) Erfahrungsgemäß schwankt der Slip bei derartigen Fahrzeugen normaler Bauart zwischen 20—30 pCt. entsprechend einer kleineren oder größeren Umdrehungszahl. Eine vorherige Berechnung des Slips bei derartig kleinen Schrauben läßt sich nach der für ansehnlichere Propeller und geringere Umdrehungszahlen aufgestellten Formel nicht ausführen.

$$\frac{0,76}{15} = 0,05 \text{ m}^2.$$

Eine hiernach berechnete Schraube von diesen Abmessungen hat für das betreffende Fahrzeug gute Resultate ergeben.

---

6. Kapitel.

Schrauben mit veränderlicher Steigung.

Neben den Propellern mit gleichmäßiger unveränderlicher Steigung kommen auch solche mit veränderlicher Steigung öfters zur Anwendung. Namentlich bei großen Schiffen werden dieselben jetzt vielfach ausgeführt, nachdem man durch eingehende Modellversuche festgestellt hat, daß man mit ihnen unter gewissen Umständen einen höheren Wirkungsgrad erzielen kann, wie mit solchen, bei denen die Steigung konstant ist. Wie schon in einem früheren Abschnitt erwähnt worden ist, hat man dabei zu unterscheiden zwischen Schrauben, bei denen die Steigung radial, d. h. von der Drehachse nach dem Umfange zu veränderlich ist und solchen, welche verschiedene Ein- und Austrittssteigung besitzen. Letztere Art ist die gebräuchlichere. Außerdem gibt es auch Schrauben mit sowohl radial wie auch peripherial veränderlicher Steigung, doch beschränken sich derartig konstruierte Propeller auf besondere Spezialfälle. Bei solchen Schrauben ist es üblich, die Eintrittssteigung konstant auszuführen und nur die Austrittsteigung radial veränderlich zu machen.

Schrauben mit radial veränderlicher Steigung. Für Schrauben mit speziell hoher Umfangsgeschwindigkeit hat sich eine Konstruktion gut bewährt, die auf ca. ½—⅓ ihres Radius mit konstanter Steigung ausgeführt worden ist und von da ab nach dem Umfange stetig abnimmt. Der Wirkungsgrad dieser Art Propeller ist ein um ca. 4 pCt. höherer wie bei solchen normaler Ausführung. Um Schrauben mit radial veränderlicher Steigung herzustellen, darf die Drehachse nicht mit der Schraubenachse zusammenfallen, d. h.

sie wird um ein bestimmtes Stück aus der Schraubenmitte herausgerückt.

Je nachdem man die Drehachse verschiebt, erhält man Propeller mit einer von innen nach außen ansteigenden.

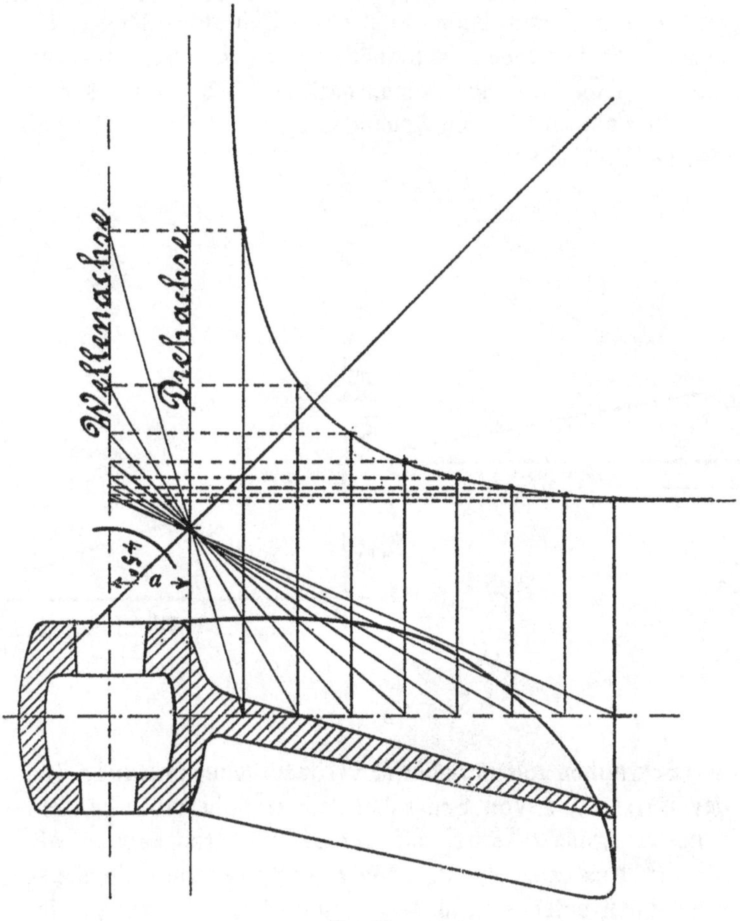

Fig. 30.

resp. abfallenden Steigung entsprechend dem Werte der Excentrizität der Drehachse (Fig. 30). Ist *a* positiv, dann nimmt die Steigung von innen nach außen zu, sie nimmt dagegen nach dem Umfange zu ab, falls *a* einen negativen Wert darstellt, wie in Fig. 30. Zum Aufdrehen solcher

Schrauben benötigt man einer Umfangsschablone wie beim Herstellen von Propellern mit konstanter Steigung. Setzt man nun außer der Umfangsschablone innerhalb des Schraubenflügels eine weitere Schablone auf, deren Steigung von derjenigen der Umfangsschablone verschieden ist, so kann man beim Aufdrehen Schraubenflächen erzeugen, die von innen nach außen wechselnde Steigung aufweisen. Das Streichbrett muß natürlich beim Aufdrehen in diesem Falle auf beiden Schablonen gleichmäßig aufliegen. (Siehe III. Teil.)

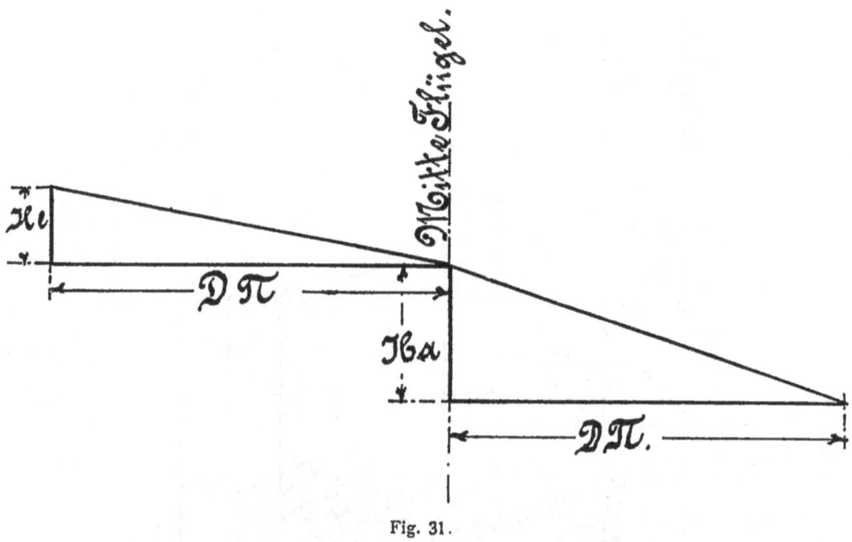

Fig. 31.

Schrauben mit peripherial veränderlicher Steigung. Bei der Herstellung von Schrauben mit peripherial veränderlicher Steigung benötigt man für die Eintritts- sowohl wie für die Austrittssteigung zweier verschiedener Umfangsschablonen entsprechend den verschiedenen Steigungen für Ein- und Austrittshälfte der betreffenden Schraube. Die Anordnung solcher Aufdrehschablone zeigt Fig. 31.

Zeise-Propeller. Einen ganz besonderen Schraubentyp mit veränderlicher Steigung stellt der Zeise-Propeller dar. Der bekannte Schraubenkonstrukteur geht bei seiner Patentschraube von der Voraussetzung aus, daß dem inneren nach der Nabe zu liegenden Teile eines Schraubenflügels viel zu wenig Beachtung geschenkt wird. Er gibt daher seinem Propeller eine radial veränderliche Steigung, die vom Umfange nach der Nabe zu erst langsam, dann fortschreitend ständig wächst, wodurch der innere Flächenteil der Schraube besonders ausgenutzt und hierdurch beim nämlichen Kraftverbrauch ein besserer Nutzeffekt der Schraube erzielt werden soll. Tatsächlich zeigen denn auch die Zeise-Propeller gegenüber den üblichen Normalpropellern unter Umständen einen um 5 bis 10 pCt. höheren Wirkungsgrad. Hierbei spielen jedoch auch die Form der Flügelfläche sowie die Form der Erzeugenden eine wesentliche Rolle, und werden solche Schrauben für jeden Einzelfall unter besonderer Berücksichtigung der betreffenden Schiffsform von der Firma Zeise nach einem eigenen Verfahren hergestellt.

Besonders wird dem Zeise-Propeller ein ruhigeres Arbeiten und damit verbundene Verminderung von Vibrationserscheinungen nachgerühmt. Weiter gewährt er noch den Vorteil größerer Gewichtsersparnis, da infolge der eigenartigen Steigungsverhältnisse die Resultierende der Druckkräfte näher dem Mittelpunkt der Schraube gerückt wird, wodurch er in seinen Abmessungen schwächer gehalten werden kann.

Errichtet man die Werte der Steigungslinien eines Zeise-Propellers in einem bestimmten Maßstabe als senkrechte Linien auf dem Radius der Schraube, so ergeben die Schnittpunkte dieser Linien mit den zugehörigen Radien zu einer Linie verbunden eine Hyperbel, deren Achse mit der Schraubenachse einen Winkel von 45 Grad bilden. (Siehe Fig. 30.)

„Niki"-Propeller. Als ein geeigneter Propeller für hohe Tourenzahlen speziell für Fahrzeuge mit Turbinenantrieb, wird neuerdings der sogenannte „Niki"-Propeller empfohlen.

Er ist eine Erfindung S. K. H. des Großherzogs Friedrich-August von Oldenburg und durch Reichspatent Nr. 157 709 geschützt.

Der „Niki"-Propeller wird gleichfalls von der Firma Th. Zeise hergestellt, zeigt letzterem gegenüber aber ein charakteristisches Unterschiedsmerkmal, insofern, als die Mitten der Propellerflügel auf der Nabe nicht in einer zur Wellenachse senkrechten Ebene sitzen, sondern hintereinander in einer auf der Nabe gezeichneten Schraubenlinie, deren Steigung von der Umdrehungszahl und Steigung der Schraube abhängt, derart angeordnet sind, daß der dem Schraubensteven des Schiffes zunächst liegende Flügel zuerst eingreift, dann der zweite, dritte u. s. f. (Fig. 32 und 33).

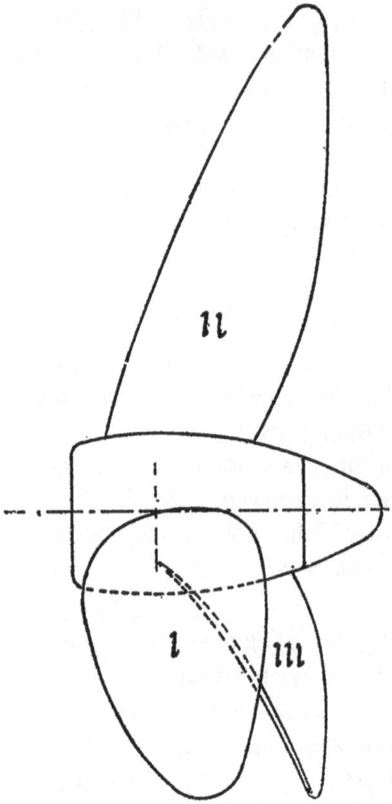

Fig. 32.

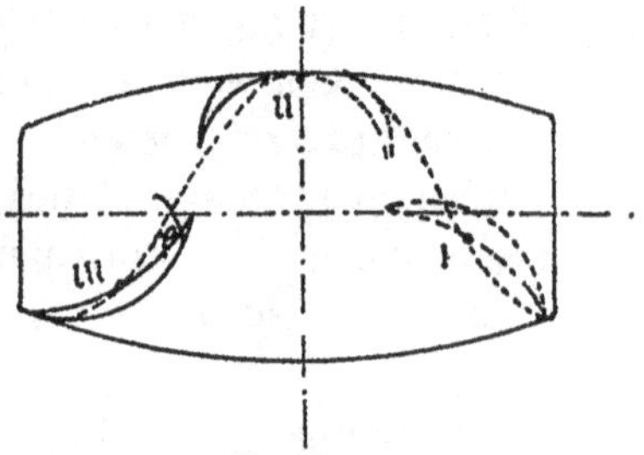

Fig 33.

Die Flügelfüße fallen nicht mit der Schraube zusammen, sondern bilden mit ihr bestimmte Winkel. Es läßt sich die

Wirkung dieser Anordnung durch Veränderung der Steigungen und Flügelflächen untereinander noch um einiges erhöhen.

Die Anordnung der Flügel des „Niki"-Propellers hat den Zweck, einen besseren Wasserzufluß herzustellen und dadurch Cavitationen (d. i. Hohlräume in dem die Schraube umgebenden Wasser), welche bei hohen Umdrehungszahlen auftreten, auf ein Minimum zu beschränken.

Vergleicht man die Arbeit der „Niki"-Schraube mit einem Normalpropeller, so ergibt sich, daß erstere eben infolge ihrer eigenartigen Konstruktion bei derselben Schiffsgeschwindigkeit und gleichem Widerstande mit weniger Slip und geringerer Tourenzahl arbeitet, was einer Verminderung des Arbeitsaufwandes zur Fortbewegung des Schiffes entsprechen würde.

Aus dem kleineren Slip ergibt sich wiederum eine geringere Schraubensteigung, wodurch in vielen Fällen, namentlich bei beschränktem Durchmesser, sich ein günstigeres Verhältnis zwischen jener und diesem und ein besserer Wirkungsgrad der ganzen Propelleranlage herstellen läßt.

Als ein Uebelstand des „Niki"-Propellers ist seine verhältnismäßig sehr lange Nabe anzusprechen, welche seiner Anbringung am Schiffskörper häufig besondere Schwierigkeiten bereitet.

7. Kapitel.

Schrauben mit Wendegetrieben und umsteuerbaren Flügeln.

Wie wohl allgemein bekannt sein dürfte, können Explosionsmotoren, d. h. Gas-, Benzin- oder Spiritusmaschinen von Einzelfällen abgesehen, nicht umgesteuert werden, d. h. sie laufen stets nur nach einer Richtung um

*) Die Bolinder Maschinenbau-Gesellschaft baut seit einigen Jahren ihre Schiffsrohölmotoren umsteuerbar, ferner wird auch gelegentlich Druckluft zum Umsteuern von Dieselmotoren benutzt.

und infolgedessen auch die hiermit gekuppelte Schraubenwelle. Man könnte also ohne besondere Vorrichtung derartige Motoren für den Schiffsbetrieb nicht verwenden. Es gibt nun verschiedene Methoden, um solche Maschinen trotzdem der Schiffahrt nutzbar zu machen. Eine dieser Methoden besteht darin, daß man zwischen Motor und Schraube ein sogenanntes Wendegetriebe einschaltet, wodurch erzielt wird, daß die Schraubenwelle beliebig vorwärts oder rückwärts getrieben wird, ohne daß die Maschine ihre Drehrichtung ändert. Ein derartiges Wendegetriebe zeigen Fig. 34 und 35.

Wendegetriebe. Es besteht im großen Ganzen aus

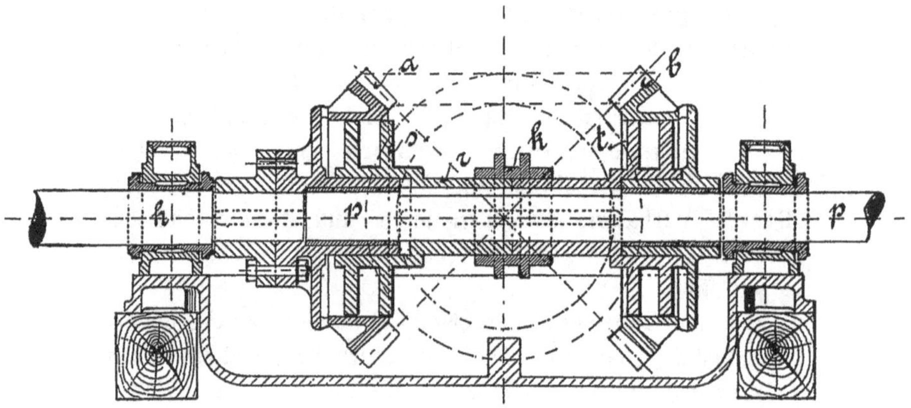

Fig. 34.

einem Gestell, auf welches 4 konische Räder sowie 2 Kupplungen auf einer verschiebbaren Muffe *r* montiert sind. Rad *a* ist mit der Maschinenwelle *h* durch Keile starr verbunden.

Auf der Nabe von Rad *a*, welche weit übergreift und solchergestalt eine Führungsbuchse für die Propellerwelle *p* abgibt, sitzt leicht verschiebbar eine Muffe mit 2 Reibungskupplungen *s* und *t*. Die Muffe ist durch Keile auf der Propellerwelle *p* gezwungen bei Bewegungen derselben letztere mitzunehmen. Das Ende der Muffe mit der Kupplung *t* sitzt auf der Nabe von Rad *b*, welch letzteres jedoch zum Unterschiede von Rad *a* auf der Propeller-

um welchen ein Hebel greift, vermittelst dessen man die eine oder andere Kupplung einschalten kann.
welle lose aufgesetzt ist und mit dieser erst vermittelst der Kupplung *t* fest verbunden wird. Die konischen Räder *c* und *d* laufen lose in ihren Lagern und greifen in *a* und *b* mit ihren Zähnen ein. Auf der Muffe sitzt ein Halsring *k*,

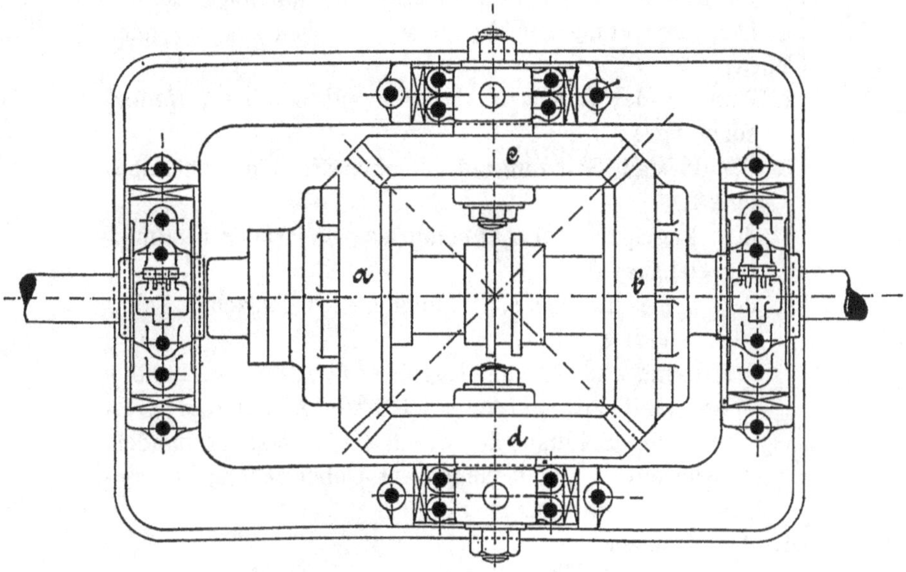

Fig. 35.

Bei Vorwärtsgang nun wird Kupplung *s* mit dem festen Rad *a* verbunden, die Propellerwelle *p* infolgedessen durch die Keile gezwungen mit Rad *a*, also der Maschine in gleicher Richtung mitzulaufen. Rad *c*, *d* und *b* laufen lose mit.

Beim Rückwärtsfahren wird Kupplung *s* aus-, Kupplung *t* dagegen eingeschaltet und die Kräfteübertragung vom Motor zur Propellerwelle erfolgt nunmehr vom Rad *a* durch die beiden Räder *c* und *d* auf das andere durch Kupplung *t* mit der Propellerwelle fest verbundene Rad *b*, wodurch letzteres die umgekehrte Drehrichtung wie Rad *a* erhält.

Eine derartige Anordnung findet man hauptsächlich bei

größeren Maschinen. Es läßt sich dabei jede normale Schraube mit festen Flügeln verwenden.

Für raschlaufende leichte Motorboote wird häufig ein Wendegetriebe verwandt, welches gleichfalls mit konischen Rädern ausgerüstet ist. Ein derartiges Getriebe, wie es beispielsweise die Daimler Motorenwerke für ihre Motorenanlagen auf Booten verwenden, zeigt die Abbildung 36.

Die Vorrichtung besteht im wesentlichen aus folgenden Teilen:

1. dem an der Innenseite konisch ausgedrehtem Motorschwungrad *d*,
2. der in das Schwungrad hineingreifenden Zahnkupplung *f*,
3. dem kugeligen, zur Aufnahme der Zahnräder bestimmten Gehäuse *b*,
4. den in diesem Gehäuse befindlichen 4 konischen Zahnrädern *e*, *i*, *g* und *k*,

   Zahnrad *e* ist mit der Kupplung *f* dauernd verbunden und läuft lose auf der Schiffswelle. Zahnrad *g* ist mit der Schiffswelle durch Keile fest verbunden. Zahnräder *i* und *k* dienen zur Uebertragung der Bewegung von *e* nach *g*;
5. dem Doppelkonus *c*,
6. dem Bremsring *h*,
7. dem Schalthebel *a*.

Die Umsteuerung mit dieser Vorrichtung geschieht nun folgendermaßen:

Vorwärtsfahrt.

Der Schalthebel *a* wird nach vorn (dem Motor zu) hingeschoben. Hierdurch wird das Rädergehäuse durch Hineinpressen des Doppelkonus *c* in das Schwungrad *d* mit letzterem gekuppelt.

Da das Kegelrad *e* durch die Zahnkupplung *f* dauernd mit dem Motor gekuppelt ist, ist infolgedessen eine Bewegung in den Kegelrädern nicht möglich, die Kraft des Motors wird auf diese Weise auf die Schiffswelle übertragen. Als Einpressungsdruck für den Konus *c* in das Schwungrad wird die Schubkraft des Propellers verwandt.

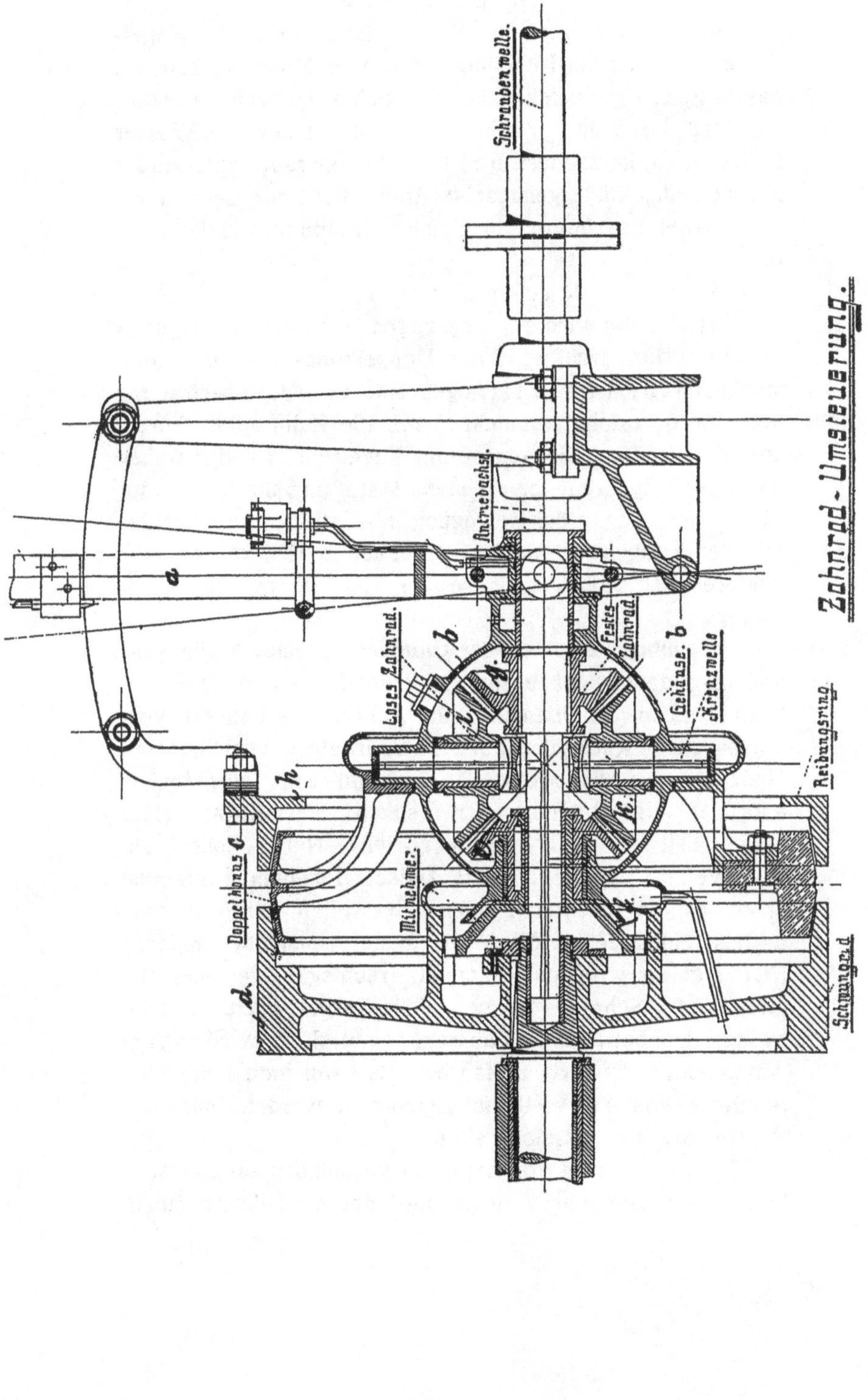
Zahnrad-Umsteuerung.
Schraubenwelle.
Antriebachse
Loses Zahnrad.
Festes Zahnrad.
Gehäuse. b
Kreuzwelle
Reibungsring
Schwungrad
Doppelkonus c
Mitnehmer
a
b
h
d

Fig. 36.

Stoppstellung.

Der Hebel *a* wird in Mittelstellung gebracht. Kegelrad *e* ist durch die Kupplung *f* mit dem Motor verbunden, das Kegelrad *g*, welches auf der Schraubenwelle befestigt ist, wird durch den Widerstand des Propellers im Wasser festgehalten, infolgedessen rollen die Kegelräder aufeinander ab, und das Rädergehäuse *b* dreht sich mit der halben Tourenzahl des Motors in gleicher Richtung wie letzterer mit. —

Rückwärtsfahrt:

Der Hebel *a* wird zurückgezogen (vom Motor weg nach hinten). Hierdurch wird der Doppelkonus *c* in den feststehenden Bremsring *h* hineingepreßt. Die Kraftübertragung vom Motor erfolgt nunmehr durch die Zahnradkupplung *f* zum Kegelrad *e*. Die Achsen der Kegelräder *i* und *k* stehen mit dem festgebremsten Gehäuse *b* still und die Kegelräder *i* und *k* übertragen die Bewegung des Schiffsmotors auf das mit der Propellerwelle fest verbundene Rad *g*, wodurch letzteres sich in entgegengesetzter Richtung wie der Motor bewegt.

Schrauben verschiedener Gangart auf einer Welle. Eine andere, jedoch nicht besonders empfehlenswerte Methode besteht darin, daß man auf dem Schraubenschaft für Vorwärts- und Rückwärtsfahrt 2 Schrauben verschiedener Gangart, also eine rechtsgängige und eine linksgängige, anordnet. Beide Schrauben sitzen vermittelst einer zum Teil konisch ausgebohrten Nabe lose auf der Welle. Letztere besitzt zwischen beiden Schrauben einen fest aufgekeilten Konus. Verschiebt man nun vermittelst eines Hebels die Welle in der einen oder anderen Richtung, so wird entweder die rechtsgängige oder die linksgängige Schraube mit der Welle festgekuppelt, und man zwingt das betreffende Fahrzeug dadurch, entweder vorwärts oder rückwärts zu fahren. Es kann immer nur eine Schraube von der Welle mitgenommen werden, indes die andere lose auf derselben sitzt.

Bei Verwendung von Explosionsmaschinen auf kleineren Fahrzeugen, sowie bei Anwendung jeder Art Hilfsmaschinen

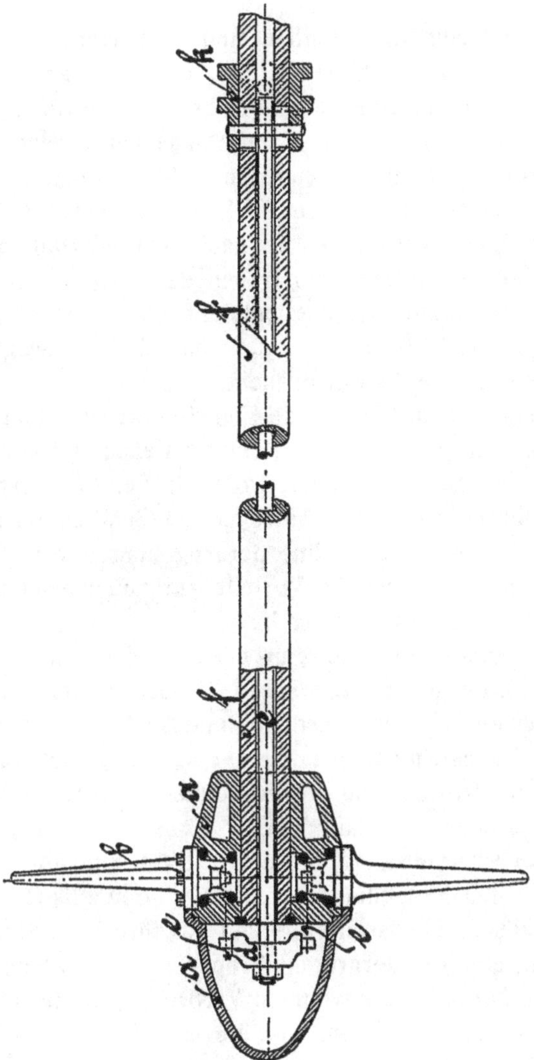

Fig. 37.

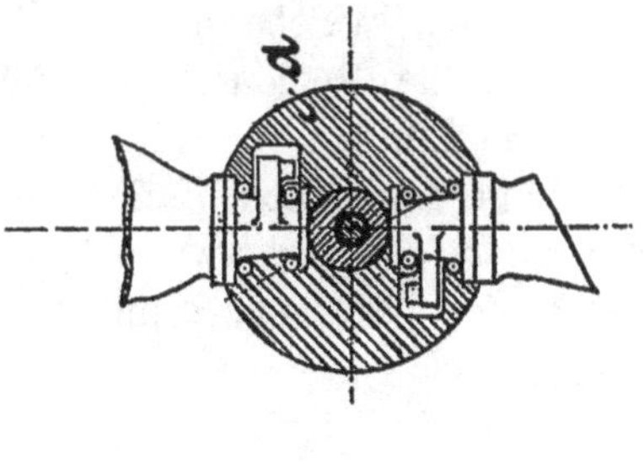

Fig. 38.

auf Segelschiffen, Yachten und überhaupt Fahrzeugen, welche viel unter Segel fahren, benutzt man Schrauben, deren Flügel auf einer hohlen Nabe so angeordnet sind, daß sie sich vom Innern des Schiffes aus vermittelst einer besonderen Vorrichtung leicht in jede beliebige Lage verstellen lassen. Man erreicht hierdurch verschiedene Geschwindigkeitsvariationen je nach Veränderung der Steigung, sowie durch Herumdrehen der Flügel, wodurch die entgegengesetzte Steigung entsteht, auch eine entgegengesetzte Fahrtrichtung, ohne daß man die Drehrichtung der Maschine zu verändern braucht.

Beim Segeln können die Flügel derart verstellt werden, daß sie senkrecht zur Fahrtrichtung stehen und vom Hintersteven verdeckt werden, wodurch der Widerstand der Schraube gegen ein Fortbewegen des Schiffes auf ein Minimum reduziert wird. Eine derartig konstruierte Schraube bietet daher wesentliche Vorteile gegenüber einer normalen Schraube mit festen Flügeln.

Es existieren eine ganze Reihe der verschiedensten Konstruktionen umsteuerbarer Propeller, teils gut, teils weniger gut in ihrer Anordnung und Ausführung. Wir wollen uns in Nachstehendem daher nur auf die Beschreibung der hauptsächlichsten und verbreitetsten Typen sowie deren Konstruktionen beschränken.

Bevisschraube. Einer der ältesten und am häufigsten gebrauchten Propeller mit umsteuerbaren Flügeln ist wohl die englische Bevisschraube und hat ihre Konstruktion den meisten anderen derartigen Propellern als Vorlage gedient.

Sie hat s. Zt. die weiteste Verbreitung in der englischen Kriegsmarine gefunden, als die Schiffe noch neben der Dampfkraft Segel zur Fortbewegung benutzten, und findet jetzt noch vielfach Anwendung bei großen Segelschiffen für transatlantische Fahrten, welche mit einer Hilfsmaschine ausgerüstet sind, um die Regionen dauernder Windstille schneller passieren zu können..

Abb. 37, 38 zeigt eine solche Schraube verbesserten Systems. Sie besteht aus der zweiteiligen Nabe *a*, den Schraubenflügeln *b*, der Zugstange *c* mit der durchbohrten

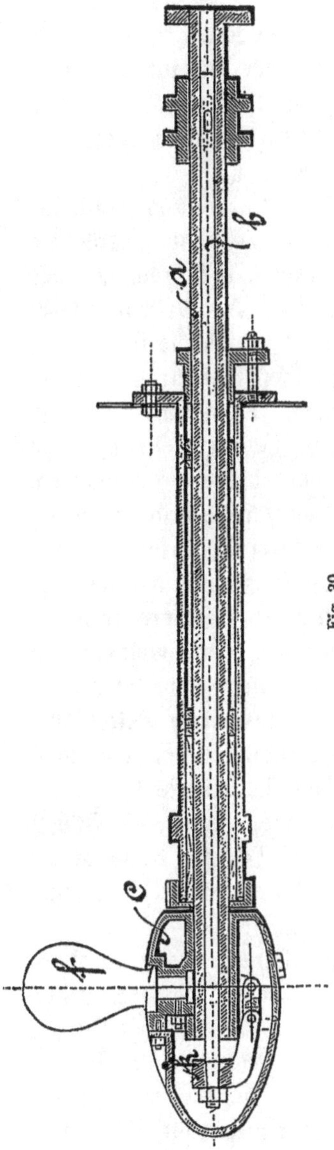

Fig. 39.

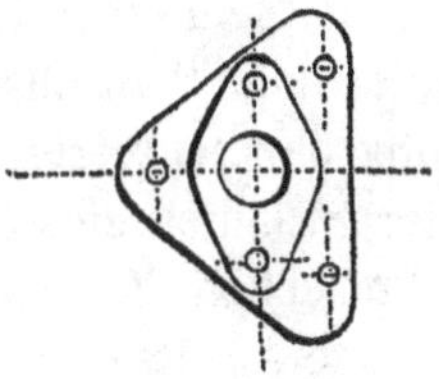

Fig 42.

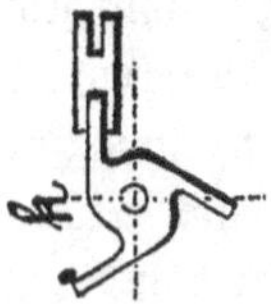

Fig 41.

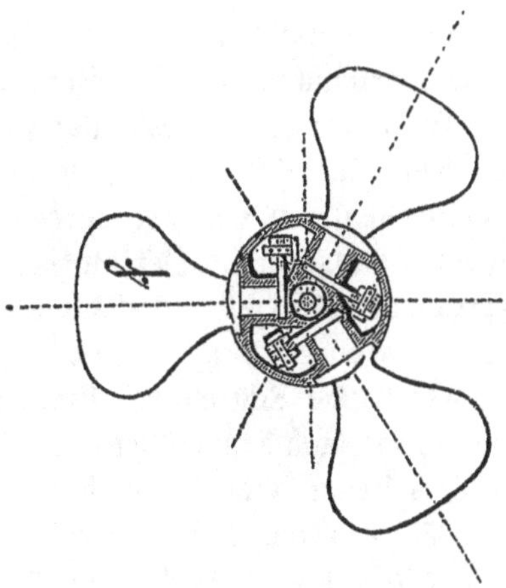

Fig. 40.

Schraubenwelle *f* und dem Kreuzstück *d*, sowie den Verbindungsstücken *e*, ferner der Muffe *k*.

Der vordere Teil der Nabe ist auf die Welle *f* fest aufgekeilt und mit derselben starr verbunden. Er dient als Lager für die Schraubenflügel *b*, welche vermittelst konischer Zapfen und Flanschstücke in ihr befestigt sind. Um die Reibung der schweren Flügel beim Bewegen möglichst zu reduzieren, laufen dieselben auf Kugeln.

Die konischen Zapfen der Flügel erhalten seitliche, kurbelähnliche Ansätze, an welchen die Verbindungsstücke *e* befestigt werden, die zu dem Kreuzstück *d* führen, welches wiederum an der Zugstange *c* befestigt ist. Wird nun letztere hin- und hergeschoben, so überträgt sich die Bewegung auf die Flügel, und kann man denselben hierdurch jede gewünschte Lage resp. Steigung geben. Damit man nun die Zugstange in horizontaler Richtung bewegen kann, ohne gleichzeitig die Schraubenwelle verschieben zu müssen, was ja nicht angängig wäre, ist letztere an ihrem einen Ende mit einem länglichen Schlitz versehen, durch welchen ein Keil gesteckt wird, der die Zugstange mit der auf der Welle befindlichen Muffe *k* verbindet. Letztere trägt in ihrer Mitte eine ringförmige Aussparung, in welcher ein zweiteiliger Schleifring sitzt, der mit dem Umsteuerungshebel verbunden ist. Bei Betätigung desselben gleitet also die Muffe auf der Welle entlang und infolgedessen also auch der Keil, der diese Bewegung auf die Zugstange überträgt, welche alsdann, wie wir bereits gesehen haben, die Flügel in Bewegung setzt. Der hintere hohle Teil der Nabe ist als Kapsel ausgebildet und dient als Schutz des Mechanismus vor äußeren Beschädigungen.

Grobsche Schraube. Eine für kleinere Petroleumbarkassen vielfach ausgeführte Methode, welche mit der vorher beschriebenen viel Aehnlichkeit besitzt, zeigen die Fig. 39 bis 42. Auf der hohlen Welle a, in welcher die Schubstange *b* gelagert ist, ist die gleichfalls hohle Nabe *c* starr befestigt. Die mit Kurbelzapfen versehenen Flügel *f* sind in entsprechenden Aussparungen der Nabe befestigt. An diese Kurbeln der Flügel sind gabelförmige Stücke vermittelst

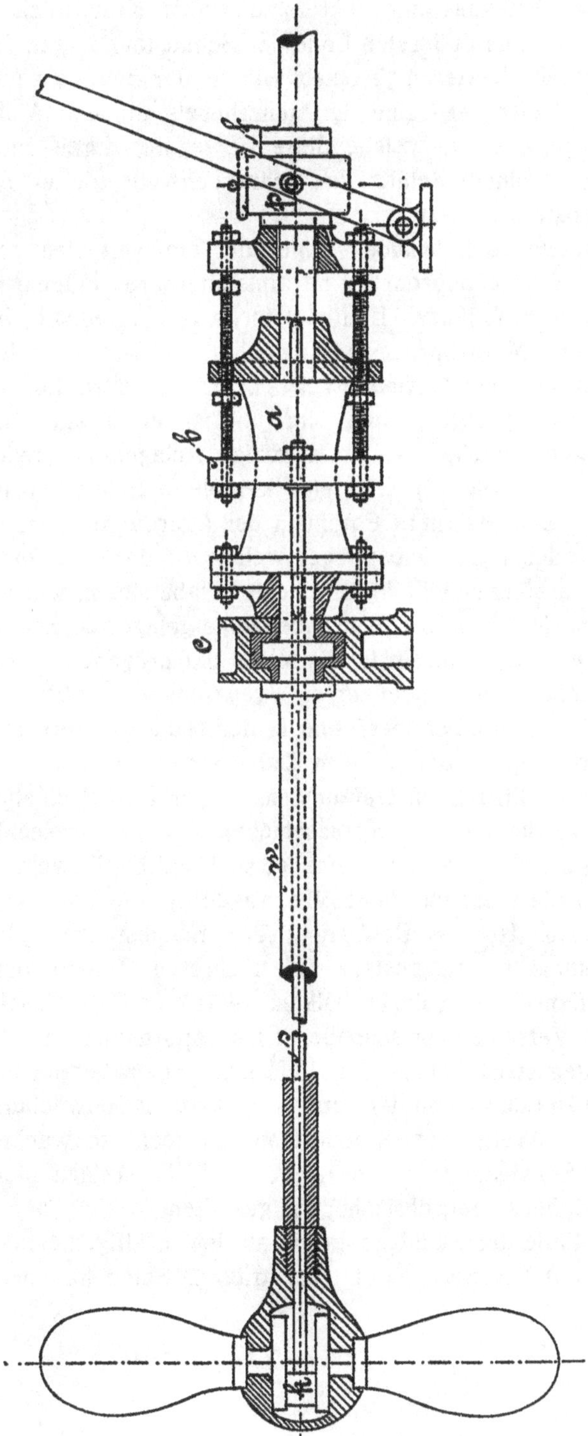

Fig. 43.

Augbolzen befestigt und führen zu einem Kreuzstück *k*, welches auf dem äußersten Ende der Schubstange sitzt. Die Bewegung der letzteren geschieht wie bei der Bevisschraube wiederum vermittelst eines Umsteuerhebels, der eine Muffe in Bewegung setzt, welche diese Bewegung durch einen Keil, der in einem Schlitz der Schraubenwelle gleitet, auf die Schubstange überträgt.

Meißnersche Schraube. Einer der am weitesten verbreiteten Schraubenpropeller mit umsteuerbaren Flügeln ist derjenige von Meißner. Er findet vielfach Verwendung bei Benzin- und Motorbarkassen, sowohl für schwere Arbeitsboote als auch bei Luxusfahrzeugen. Die Konstruktion ist geschickt und praktisch ausgeführt und entspricht allen Anforderungen, welche man an derartige Anlagen zu stellen berechtigt ist. Fig. 43 zeigt eine komplette Schrauben-Installation nach Meißners Patent in der älteren Ausführung. Die beweglichen Schraubenflügel, welche auf der gutgeformten und verhältnismäßig kleinen hohlen Nabe sitzen, werden durch eine in der hohlen Schraubenwelle gelagerten Schubstange, welche an ihrem in die Nabe hineinragenden Ende ein Gleitstück, den sogenannten Kreuzschieber, trägt, betätigt. Die Schraubenflügel sind in der Nabe gelagert vermittelst Fußzapfen, die an ihren Enden scheibenförmige Ansätze mit schlitzartigen Oeffnungen, — der Kurbelschleifen tragen, welche an dem Kreuzschieber, der eine dreieckig prismatische Form besitzt, befestigt sind und bei Bewegung desselben diese auf die Flügel übertragen.

Neuartig ist die Betätigung der Schubstange. Der Mechanismus hierzu besteht aus mehreren Teilen: dem Schieberflansch mit Schieberbalken, sowie dem Flügeldrucklager mit Verschiebungsschnalle. Diese Anordnung hat den Zweck, den sonst üblichen, in Vorhergehendem bereits beschriebenen Schlitz und der damit verbundenen Schwächung der hohlen Welle, sowie den immerhin recht schwachen Keil der Schubstange zu vermeiden und die Anlage hierdurch möglichst betriebssicher zu gestalten.

Das Ende der Schubstange ist an dem kräftigen Schieberbalken *b* befestigt. Letzterer trägt 2 Spindeln, durch

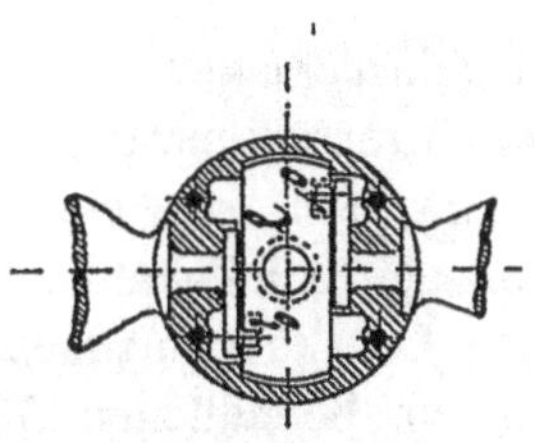

Fig. 45

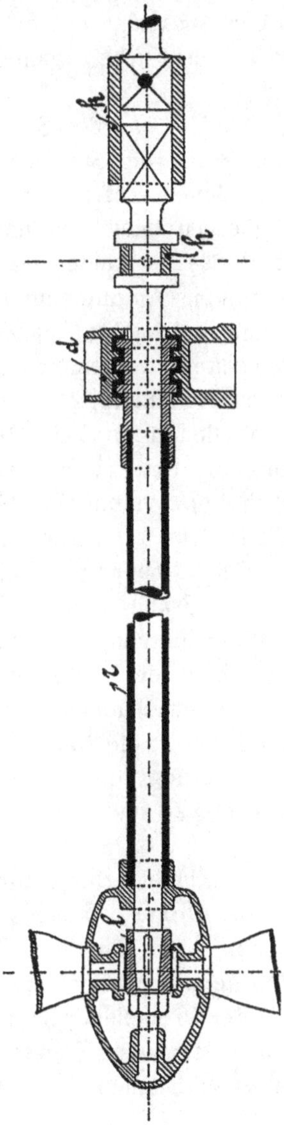

Fig. 44

welche er mit dem Flügeldrucklager *f* verbunden wird. Dieses ist mit einer Ringlagerschmierung *p* versehen. Das Flügeldrucklager ist dazu bestimmt, einen Teil des auf die Flügel wirkenden, von der Schubstange und den Spindeln übertragenen achsialen Druckes aufzuheben.

Die auf den Spindeln befindlichen Stellmuttern haben sowohl den Zweck, den Ausschlag der Flügel zu begrenzen, als auch den Druck auf die Kurbelzapfen der Flügel in der Nabe zu entlasten.

Vermittelst der Spindeln und der Stellmuttern läßt sich jederzeit auf bequeme Weise die Steigung der Flügel regulieren und der vorhandenen Betriebskraft anpassen, wodurch namentlich Ueberlastungen und daraus entstehende Unfälle auf einfache Weise vermieden werden.

Bei Verwendung von Automobilmotoren mit hohen Tourenzahlen für kleine und leichte Fahrzeuge werden, um Reibungen nach Möglichkeit zu vermeiden, Kugeldrucklager vorgesehen und durch Benutzung von sogen. Bullbronze die Dimensionen der Wellen etc. auf ein Minimum reduziert.

Daevelsche Schraube. Eine andere, sehr solide und einfache Ausführung nach dem System Daevel, bei welcher die Schubstange wegfällt und anstatt dessen die Propellerwelle zum Verstellen der Flügel benutzt wird, stellen Fig. 44 und 45 dar. Die hohle Nabe sitzt auf einem Rohr *r*, welches an seinem Ende die Kammzapfen für das Drucklager *d* trägt, in welchem der achsiale Triebdruck der Flügel aufgenommen und unschädlich gemacht wird.

Die Propellerwelle ragt in die Nabe hinein und trägt an ihrem Ende eine Verlängerung, die in einer entsprechenden Lagerung der Nabe ruht und als Führung der Welle beim Verschieben dient.

Die Betätigung der Flügel erfolgt durch einen Kreuzkopf *l*, welcher auf der Propellerwelle sitzt und mit entsprechenden Oeffnungen *o* zur Aufnahme der Kurbelzapfen, welche an den Füßen der Schraubenflügel sitzen, versehen ist. Zum Verschieben der Propellerwelle dient der bekannte Hebel, welcher vermittelst zweier Zapfen einen Halsring *h* führt, der zwischen zwei Bünden der Propellerwelle gelagert ist. Die Verbindung zwischen Maschinenwelle und Schraubenwelle bewerkstelligt eine Muffe *k*, in welcher beide Wellen vermittelst je eines vierkantigen Ansatzes hineinragen und die genügend Zwischenraum besitzt, um die Propellerwelle hierin beliebig hin- und herzuschieben.

Umsteuerpropeller von Zeise. Ein Umsteuerpropeller in bewährter, gut durchkonstruierter Ausführung, sowohl für geringe, als auch für große Leistungen, wird seit Jahren von der Firma Th. Zeise in Altona hergestellt. Siehe Abbildungen Fig. 46, 49 u. Tafel VII.

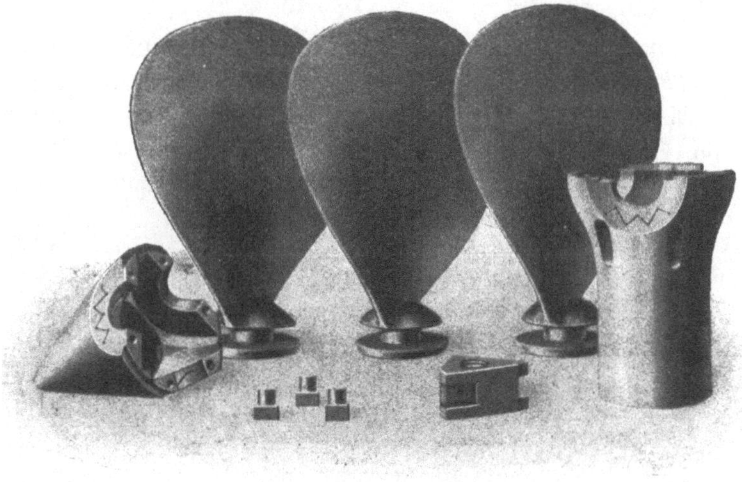

Fig. 46.

Im Prinzip besteht die Vorrichtung aus einer hohlen Nabe, in welche die Schraubenflügel mit Zapfen hineinragen, an die eine Zugstange angreift, die ihrerseits in der hohlen Propellerwelle gelagert ist. Durch Hin- und Herschieben dieser Zugstange werden die Propellerflügel in der gewünschten Richtung verdreht.

Ueber die Einzelheiten und Wirkungsweise des Apparates ist folgendes zu bemerken:

Die verhältnismäßig kleine hohle Nabe ist zweiteilig hergestellt und besteht normalerweise aus einer vorderen und einem hinteren Teil, die durch Befestigungsschrauben miteinander verbunden sind. (Fig. 46—47.)

Bei den zweiteiligen Propellern für geringe Leistungen ist die Nabe längsgeteilt und wird einerseits durch einen konischen Preßring nebst Mutter, andererseits durch einen Wasserablaufkegel zusammengehalten. Die Befestigung der Nabe auf der Welle geschieht mittelst Konus, Keil und Propellermutter. Letztere ist als Stopfbuchse ausgebildet, damit ein Eindringen von Wasser in die hohle Propellerwelle vermieden wird. Zu gleichem Zweck, sowie auch zur Schmierung der Flügelzapfen und Kulisse wird ferner bei der Montage der Hohlraum der Nabe mit Staufferfett angefüllt.

Die Propellerflügel sind in die Nabe mit starken Zapfen eingesetzt, die an ihren oberen und unteren Enden mit kräftigen Flanschen versehen sind. Nabe und Flügel werden zur Vermeidung des Fressens und Verminderung des Reibungswiderstandes aus verschiedenartigem Metall hergestellt.

Fig. 49. Umsteuervorrichtung mit Druck- und Traglager

An der Peripherie der unteren Flügelflansche befindet sich ein Rundloch, in welches der stählerne Kulissenstein eingreift. Letzterer ist in eine Paßstück, der sogenannten Kulisse, gelagert. Die Kulisse ist auf dem Ende der in die Nabe hineinragenden Zug- oder Steuerstange aufgeschraubt. Die Steuerstange wird von der hohlen Schraubenwelle aufgenommen. Muß die Steuerstange aus irgend welchen Gründen eine größere Länge besitzen, so wird sie aus mehreren Teilen hergestellt, die durch eine Scheibenkupplung mit einander verbunden werden. In diesem Falle muß auch die Propellerwelle geteilt angefertigt werden. Diese Teile werden gleichfalls durch eine hohle Spezialkupplung zusammengehalten. Der Hohlraum dieser Kupplung dient zur Aufnahme der Scheibenkupplung der Steuerstange. Siehe Abbildung 47.

Zur Umsteuerung der Schraubenflügel während der Fahrt, sowie zur Aufnahme des Schraubendruckes dienen Apparate, welche in der eigentlichen Umsteuervorrichtung vereinigt sind. Letztere besteht aus einem kräftigen gußeisernem Gestell, welches an seinen beiden Enden zu einem Traglager-, sowie Drucklagergehäuse ausgebildet ist. Siehe Abbildung 47 und 49.

Zwischen diesen beiden Lagern sind das Schleifringgehäuse, sowie Gewindespindel mit Zahn- resp. Kettenrad und Widerlager angeordnet. Um nun während des Rotierens der Welle und Steuerstange, letztere in axialer Richtung hin- und herbewegen zu können, ist auf der Schraubenwelle ein sogenannter Schleifring aufgezogen. Dieser Schleifring wird meistens als Kammlager ausgebildet. Auch eine Verwendung von Kugellagern kann stattfinden, wenn hohe Umdrehungszahlen des Propellers vorhanden sind und keine Friktionskupplung verwendet wird, oder kein schwerer Seegang, sowie Grundberührung zu gewärtigen sind. Schleifring, Propellerwelle, sowie Zugstange sind durch einen Querkeil miteinander verbunden, der in einem, allen drei Teilen gemeinschaftlichen, Schlitz sitzt. Dieser Schlitz ist in der Propellerwelle in axialer Richtung entsprechend der Länge des Verschiebeweges der Steuerstange erweitert. Zur Aufnahme des rotierenden Schleifringes dient das Schleifringgehäuse. Dieses ist an seinem unteren Teil mit Gleitfüßen versehen, mittels derer es sich auf dem als Gleitbahn ausgebildeten Unterteil des Umsteuerbockes verschieben läßt. Die Verschiebung wird durch eine bronzene Gewindespindel veranlaßt. Das aus Stahlguß hergestellte schnauzenartige Vorderteil des Schleifringgehäuses ist als Mutter ausgebildet, in welche die Gewindespindel eingreift. Durch Drehen der letzteren wird das Schleifringgehäuse nach Wunsch vor- oder rückwärts geschoben. Der in dem Gehäuse befindliche Schleifring und die mit letzterem durch den Querkeil verbundene

Steuerstange sind gezwungen, diese Bewegung mitzumachen, und hierdurch die Propellerflügel in die gewünschte Lage zu bringen. Zur Begrenzung des Weges, den das Schleifringgehäuse vor- und rückwärts zurückzulegen hat, dienen eiserne Prismenstücke, die auf der Gleitbahn befestigt sind. Um ein richtiges Einstellen der Propellerflügel zu erreichen, sind an der Gleitbahn Marken angebracht, welche mit den an den Propellerflügeln und der Nabe angebrachten Marken übereinstimmen müssen. Kleine Aenderungen in der Steigung und Umdrehungszahl des Propellers lassen sich nach angestellten Probefahrten durch Verändern der Begrenzungsstücke des Gleitweges bewerkstelligen.

Die in die Gewindemutter des Schleifringes eingreifende Spindel ist mit dem sie bewegendem Stirn- resp. Kettenrad aus einem Stück gegossen und wird durch das an ihrem Ende befindliche Widerlager in axialer Richtung gesichert. Die Gewindespindel ist mit einem selbstsperrendem Flachgewinde versehen, welches es ermöglicht, ein geeignetes Uebersetzungsverhältnis zu wählen und gleichzeitig alle großen unkontrollierbaren Kräfte und Stöße auf die Handumsteuerung, welche den Bedienungsmann gefährden könnten, aufzunehmen und unschädlich zu machen. Mittels des Zahn- resp. Kettenrades und Ketten wird die Umsteuerung von Deck aus von dem Steuermann durch Drehen eines Handrades, das an einem Gestell, — dem Umsteuerbock — befestigt ist, betätigt. An diesem Umsteuerbock ist gleichzeitig eine Anzeigevorrichtung angebracht, aus der zu ersehen ist, in welcher Stellung sich die Propellerflügel befinden.

In teilweise veränderter Form baut die Firma Zeise patentamtlich geschützte Umsteueranlagen für sehr große Maschinenleistungen, bei denen eine Betätigung während des Betriebes von Hand nicht mehr möglich ist. (Siehe Tafel 7, Fig. 50—53.) Es wird hierzu auf sinnreiche Weise die Kraft der Antriebsmaschine verwandt, während im Ruhezustand auch mittels Handbetrieb umgesteuert werden kann. Die Betätigung der Umsteuerung erfolgt durch Drehen eines Handrades *M*, welches auf einem Gestell *Q* ruht. Das Handrad überträgt seine Bewegung mittelst Zahntrieb auf Zugstangen *L*, welche mit einer Doppelkegelkupplung *J* verbunden sind. Durch Einpressen der Kegel nach der einen oder anderen Seite in die feststehenden Kupplungsgehäuse werden Zahnrädergetriebe in Tätigkeit gesetzt, welche eine Verschiebung der Steuerstange in axialer Richtung nach vorwärts oder rückwärts verursachen, je nachdem, welcher von den beiden Kupplungskegeln eingerückt wird. Das Gehäuse *G* ist auf der Propellerwelle *C* fest aufgekeilt und nimmt mit seinem gesamten Inhalt an der Rotation der Schiffswelle teil. Das Kupplungsgehäuse *J* dagegen steht, wie schon angedeutet wurde, fest.

Die Kupplungskegel sind mit Stirnradtrieben *H* verbunden, die miteinander an der Rotation der Schiffswelle teilnehmen, solange nicht umgesteuert wird, sich jedoch in sich nicht bewegen. Beim Einrücken eines Kupplungskonusses wird nun das mit ihm verbundene Zahnrad gleichfalls festgeklemmt und steht still, während das Gegenrad, welches mit dem Gehäuse *J* weiterrotiert, sich nunmehr auf diesem feststehenden Zahnrad abwickelt und hierdurch die Welle, auf welcher es befestigt ist, in Drehung versetzt. Um eine Aenderung in der Drehrichtung dieser Welle zu erhalten, besteht das eine Zahnradgetriebe aus zwei Rädern, welche miteinander zum Eingriff kommen, während für die Umkehrung der Drehrichtung beim anderen Zahnradgetriebe die Uebertragung durch 3 Räder erfolgt, es wird also in diesem Falle noch ein drittes Zwischenrad eingeschaltet. Die Welle überträgt ihre Drehung mittelst mehrerer Schneckentriebe auf die Gewindespindel und bewegt letztere in axialer Richtung vor- resp. rückwärts. Die Mutter zur Betätigung der Gewindespindel wird durch eines der beiden Schneckenräder hergestellt, dessen Bohrung mit einem entsprechenden Gewinde versehen ist.

Die Gewindespindel ist leicht verschiebbar auf die Propellerwelle aufgezogen und greift mit rippenartigen Ansätzen in einen Schlitz der Propellerwelle hinein, dessen Länge dem Umsteuerweg entsprechend gewählt wird.

Die Steuerstange D ist durch einen kräftigen Querkeil mit der Gewindespindel vereinigt, daher gezwungen, ihre Verschiebung in der Längsrichtung mitzumachen und auf diese Weise eine Drehung der mit ihr verbundenen Schraubenflügel in der bereits früher geschilderten Weise zu bewerkstelligen.

Steht die Anlage still, so kann auch von Hand, ohne Hilfe der Maschinenanlage, umgesteuert werden. Am Gehäuse G befindet sich zu diesem Zweck eine Oeffnung N zum Anbringen der hierzu erforderlichen Vorrichtung.

Eine genaue und ausführliche Beschreibung der vorstehend geschilderten Umsteueranlage ist aus der diesbezüglichen Patentschrift Nr. 279 048 zu ersehen.

Zu erwähnen wäre noch die bei großen Anlagen von der Firma Zeise angewandte automatische Schmiervorrichtung in der Nabe (siehe Fig. 50). Sie besteht aus einem Fettbehälter, in welchem sich ein Preßkolben bewegt, der bei jeder Betätigung der Umsteuervorrichtung etwas gedreht wird, wodurch Fett mittelst einer kleinen Rohrleitung in die Lagerung der Flügelzapfen gepreßt wird. Der in Büchse enthaltene Fettvorrat hält für einige tausend Umsteuerungen vor und muß alsdann erneuert werden.

8. Kapitel.

Turbinenpropeller.

Für kleine und sehr flach gehende Fahrzeuge, wie sie vielfach Verwendung finden auf den unregulierten Flüssen Südamerikas und der Kolonien und deren Tiefgang gewöhnlich 30—50 cm nicht überschreiten darf, kann man gewöhnlich Schraubenpropeller nicht verwenden, da dieselben viel zu groß ausfallen, oder, falls doch noch verwendbar, einen sehr schlechten Nutzeffekt ergeben würden.

Aus dem nämlichen Grunde sind auch Schaufelräder nicht gut verwendbar, ganz abgesehen davon, daß sie viel schwerer und kostspieliger sind, sowie eine besondere

Schiffsform bedingen würden, was bei kleinen Fahrzeugen nicht immer ausführbar ist.

Da bei flachgehenden Fahrzeugen ganz besonders an totem Gewicht gespart werden muß, müssen Kessel und Maschine möglichst leicht gehalten werden, was für die Maschine wiederum eine hohe Umdrehungszahl bedingt, um den gleichen Effekt zu erzielen.

Für hohe Umdrehungszahlen sind Paddelräder indessen gar nicht geeignet, und desgleichen wirkt eine große Tourenzahl auch ungünstig auf Schraubenpropeller.

Man hat nun für solche Fälle sogenannte Turbinen konstruiert, die gerade bei hoher Umdrehungszahl am günstigsten arbeiten und ein Minimum an Tiefgang beanspruchen.

Die bekanntesten derartigen Propeller sind die Zeunerschen Reaktionsturbinen, welche indes nur wenig Verbreitung gefunden haben, sowie der Holtzsche Aktionsturbinen propeller, der vielfach bei kleinen flachen Fahrzeugen in Ausführung kommt.

Holtzsche Aktionsturbine. Die Holtzsche Turbine entspricht in ihrer Konstruktion annähernd einer gewöhnlichen Wasserturbine, nur mit dem Unterschiede, daß die Wirkung eine umgekehrte ist.

Das Laufrad, welches von der Maschine angetrieben wird, entspricht einer kleinen gewöhnlichen Schiffsschraube mit verhältnismäßig großer Nabe. Sie ist von einem hohlen konischen Blechzylinder umgeben, durch welchen das Wasser vorn angesaugt und durch den verengten Querschnitt des Blechrohres nach hinten zurückgeworfen wird. Um die schädliche, kreisende Bewegung der Wassermasse aufzuheben, ist in dem hinteren Teil des Blechzylinders ein feststehendes Leitflügelrad eingebaut. Hierin wird die drehende Bewegung aufgehoben und das Wasser in horizontaler Richtung nach außen getrieben.

Ein besonderer Vorteil dieser Turbinenschraube ist ihre gute Manövrierfähigkeit, insbesondere ein gutes Rückwärtsfahren, welches ohne besondere Vorrichtung erreicht wird und demjenigen normaler Schraubenpropeller bei flachen Wasserverhältnissen entspricht.

Die Anordnung einer Turbinenschraube am Schiff zeigen die Figuren 54—56.

Ganz besonders auffällig ist die Anordnung bei Fig. 58. Das Fahrzeug erhält zu diesem Zwecke einen sogenannten Tunnel, d. h. eine am Boden des Hinterschiffes befindliche konvexe Einbuchtung, welche nach dem Ende zu in einen Schwanz verläuft und den größten Teil des Turbinengehäuses in sich aufnimmt, so daß es nur wenig über den Boden hinausragt und den Tiefgang auf ein Minimum reduziert. Diese Heckform wird nach ihrem angeblichen Erfinder, dem Engländer Thornycroft, Thornycroftheck genannt. Im Ruhezustand würden etwa nur zwei Drittel des Propellers eintauchen. Durch einen oberhalb der Turbine angeordneten Schacht wird eine bequeme Zugänglichkeit aller Turbinenteile erreicht, wodurch Reparaturen vorgenommen werden können, ohne daß das Schiff aus dem Wasser gehoben zu werden braucht.

Beim Fahren füllt sich der Tunnel vollständig mit Wasser aus, wodurch für die Turbine ein Tiefgang geschaffen wird, der größer ist als der effektive des zu befahrenden Gewässers, was namentlich bei sehr flachen Wasserverhältnissen von großem Vorteil ist.

Bedingung ist, daß das Fahrzeug möglichst gleichlastig liegt. Der tiefste feste Punkt der Turbinenanlage würde alsdann gleich sein mit dem Boden des betreffenden Fahrzeuges mitschiffs.

Fig. 54 und 55 zeigen eine Holtzsche Turbine moderner Ausführung. Sie ist als Axial-Aktionsturbine gebaut. Die Steigung der Laufradflügel *f* entspricht der Durchgangsgeschwindigkeit des Wassers, damit innerhalb derselben eine Drehung der Wassermengen nach Möglichkeit vermieden wird.

Die Leitschaufeln *l* am hinteren Teil des Blechzylinders erhalten neuerdings gerade oder doch nahezu zur Wellenebene gerade Flächen, wodurch erzielt wird, daß das Wasser fast ohne Drehung dem Leitrade zugeführt und infolge-

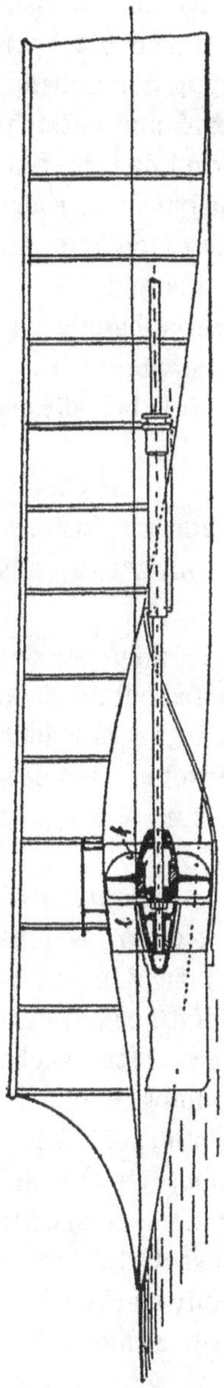

Fig 54.

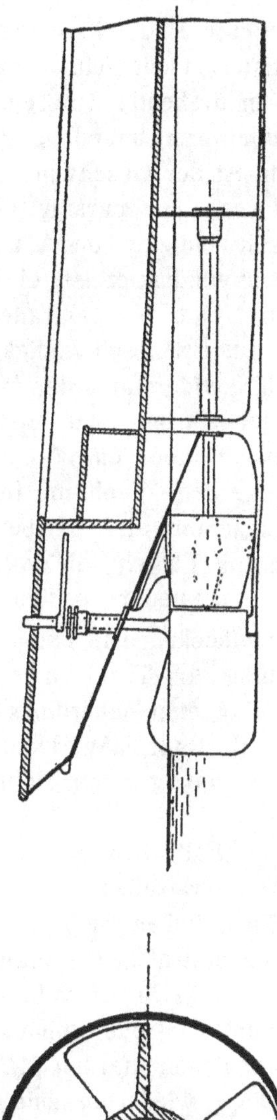

Fig 56.

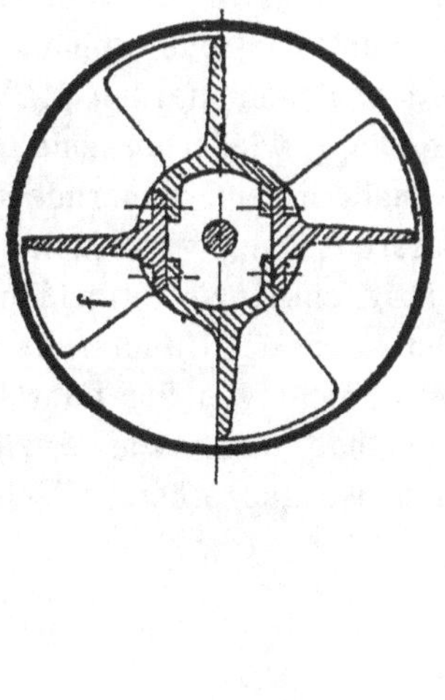

Fig 55

dessen guter Rückwärtsgang erreicht wird, was bei gekrümmten Leitschaufeln nicht möglich ist, da das Wasser alsdann in drehende Bewegung gesetzt wird und die Leitradschaufeln sehr ungünstig trifft. Die Steigung der Leitradschaufeln ist der Geschwindigkeit proportional und entsteht infolgedessen eine parabolische Schaufelform, da die Eintrittsgeschwindigkeit des Wassers in die Turbine gleich der Fahrtgeschwindigkeit ist, die Austrittsgeschwindigkeit dagegen innerhalb des Laufrades parabolisch ansteigt.

Die Austrittsgeschwindigkeit ist wiederum abhängig von dem Schiffswiderstand, der Maschinenkraft, sowie auch der Größe der Turbine selbst. Der Slip beträgt bei diesen Turbinenschrauben ca. 30—40 pCt.

Sie werden sowohl mit feststehenden Flügeln des Laufrades ausgeführt als auch bei Anwendung von Explosionsmotoren mit Flügeln, die vom Innern des Fahrzeuges aus beliebig umgesteuert werden können.

Tunnelhecks. Die guten Erfolge, welche man bei der Anwendung von Turbinen in Tunneln erzielte, haben dazu geführt, daß man neuerdings dazu übergegangen ist, auch für Schrauben normaler Bauart Tunnel vorzusehen, namentlich dort, wo geringe Fahrwassertiefen zur Verfügung stehen.

Dieser Fall wird in erster Linie für die vielen künstlichen Wasserstraßen — die Kanäle — zutreffen, welche infolge ihrer hohen Baukosten im Vergleich zu den natürlichen Waserstraßen verhältnismäßig flach und schmal hergestellt sind. Dampfschiffe, welche in der Hauptsache Flüsse mit mehr oder minder starker Strömung befahren, müssen mit einer starken Maschine ausgerüstet sein. Letztere bedingt wiederum eine große Schraube, welche auf der Kanalfahrt eine dauernde Beschädigung der Kanalsohle und Uferböschung verursacht. Um nun diese Uebelstände nach Möglichkeit zu vermeiden und Schiffe mit starken Maschinen — in der Hauptsache kommen hierfür Schlepper in Frage — nicht von der Fahrt auf Kanälen ausschließen zu müssen, hat man, wie erwähnt, solche Fahrzeuge mit Tunnelhecks ausgerüstet. Beim Vorhandensein eines Tunnels ist es möglich, die Schraube bedeutend höher zu legen und daher weiter von der Kanalsohle zu entfernen. Auch die gefürchtete Heckwelle wird bei Tunnelschiffen viel mehr zusammengehalten und weiter nach hinten geworfen, so daß sie erst in wesentlich weiterer Entfernung das Ufer erreicht, wobei sie unterwegs schon einen großen Teil ihrer zerstörenden Kraft eingebüßt hat.

Ein weiterer Vorteil des Tunnelhecks besteht darin, daß bei Schiffen, welche mit ihm ausgerüstet sind, während der

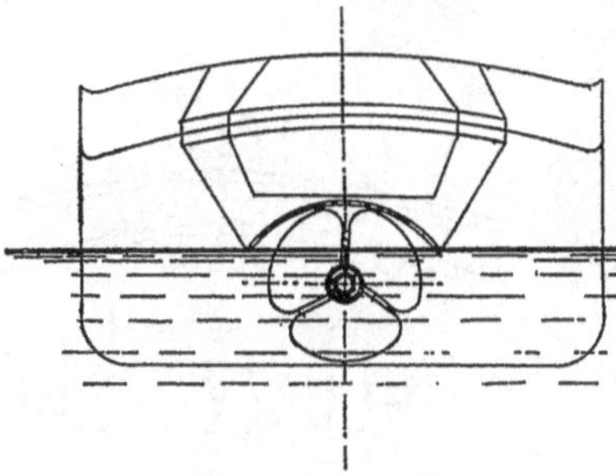

Fig. 57.

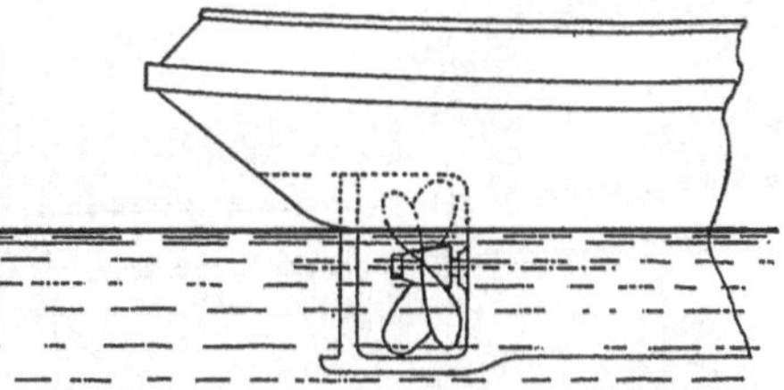

Fig. 58.

Fahrt kein so tiefes Wegsacken des Hecks stattfindet wie bei normal gebauten Fahrzeugen, was darauf zurückzuführen ist, daß ein Teil des Schraubenwassers nach oben gegen die Wandungen des Tunnels geworfen wird und infolgedessen einen nach oben gerichteten Gegendruck erzeugt wird.

Diesen angedeuteten Vorzügen stehen allerdings auch Nachteile gegenüber. Namentlich müssen Schiffe, die mit einem sog. Thornycroftheck (Fig. 54) ausgerüstet sind, wie auch schon früher angedeutet worden ist, stets die gleiche Wasserlinie aufweisen, da der im Wasser schleifende Schwanz einen nicht unerheblichen Reibungsverlust verursacht, der natürlich beim Tiefertauchen bedeutend wächst. Für Fahrzeuge mit wechselndem Tiefgang ist daher ein Thornycroftheck nicht zu gebrauchen.

Es sind nun in neuerer Zeit Schiffe gebaut worden, bei welchen der Schwanz in Fortfall gekommen ist und durch eine andere Konstruktion ersetzt wurde. Beachtenswert ist eine Vorrichtung, wie sie die Abbildungen Fig. 57 u. 58 zeigen. Nach dieser Konstruktion hat die Schiffswerft von C. Wollheim in Breslau mehrere Fahrzeuge gebaut. Wie man sieht, ist die Heckform dieser Fahrzeuge von derjenigen normaler Schiffe nur sehr wenig abweichend. Die Tunnelwölbung ist verhältnismäßig kurz und verläuft geradlinig, was insofern als Vorzug anzusprechen ist, als hierbei das abströmende Schraubenwasser mehr horizontal gerichtet ist und nicht, wie bei dem Thornycroftheck eine Neigung nach der Sohle besitzt. Die Tunnelwölbung umschließt die Schraube

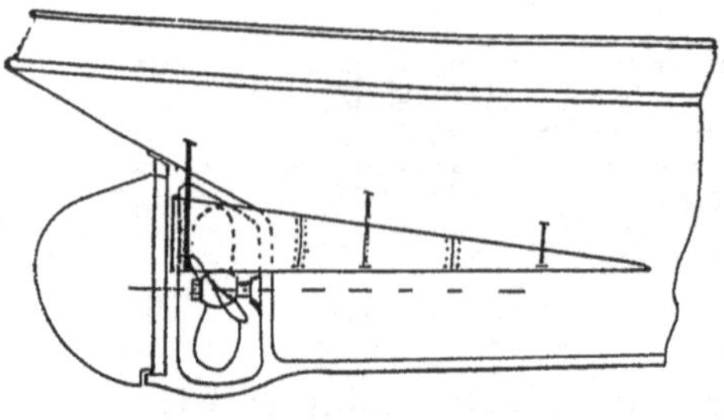

Fig. 59.

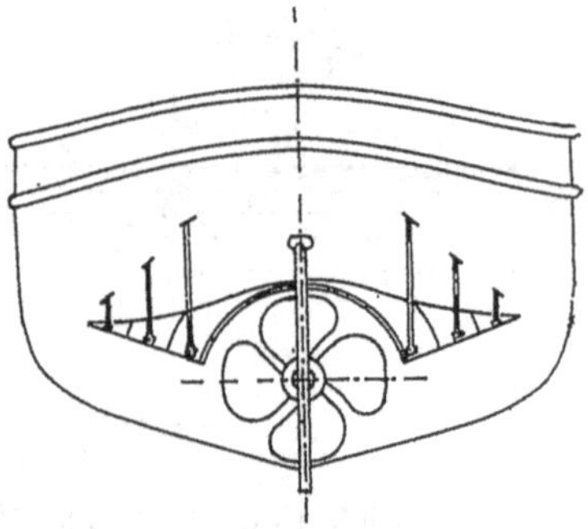

Fig. 60.

ziemlich eng und läßt nur wenig freien Raum zwischen Propeller und den Wandungen des Tunnels. Die Kanten des Tunnels sind nicht abgerundet, sondern laufen scharf aus. Im Ruhezustand schneiden sie so ziemlich mit der Wasseroberfläche ab, oder tauchen doch nur wenige Millimeter in dasselbe ein. Die mit dieser Ausrüstung versehenen Fahrzeuge sollen sehr zufriedenstellend arbeiten.

Die guten Erfolge, welche man mit solchen Fahrzeugen erreichte, haben dazu geführt, daß man bei einer größeren Anzahl bereits vorhandener Schiffe ähnliche Vorrichtungen noch nachträglich anbrachte. Namentlich bei den auf den märkischen Wasserstraßen verkehrenden Schleppern kann man diese Beobachtung machen und durch Nachfrage feststellen, daß die Schiffsführer mit dieser Einrichtung durchaus zufrieden sind.

Wie aus Abbildung Fig. 59 u. 60 zu ersehen ist, besteht die Konstruktion aus einem gewölbten Schirm aus Eisenblech, der mittelst Streben am Heck so befestigt ist, daß die Schraube wie unter einem Schutzdach innerhalb desselben arbeitet. Dieser Schirm ist teils starr mit dem Fahrzeug verbunden, teils auch derart eingerichtet, daß der hintere Teil desselben sich hochklappen läßt. Letztere Vorrichtung hat den Zweck, einen besseren Vorwärtsgang des Fahrzeuges zu erzielen, sowie auch Tiefgangsunterschiede auszugleichen. Bei Vorwärtsfahrt wird die Klappe nur zu Anfang, bei Beginn der Fahrt heruntergelassen, nachher jedoch, wenn sich der Tunnel erst mit Wasser gefüllt hat, wieder hochgewunden. Beim Rückwärtsfahren wird die Klappe heruntergelassen.

---

9. Kapitel.

Einwirkung der Schraube auf die Kanalsohle. Gleich zu Anfang dieses Buches ist bei der Erklärung der Wirkungsweise der Schraube gesagt worden, daß der von der Schraube erzeugte Gegendruck in eine axiale und eine

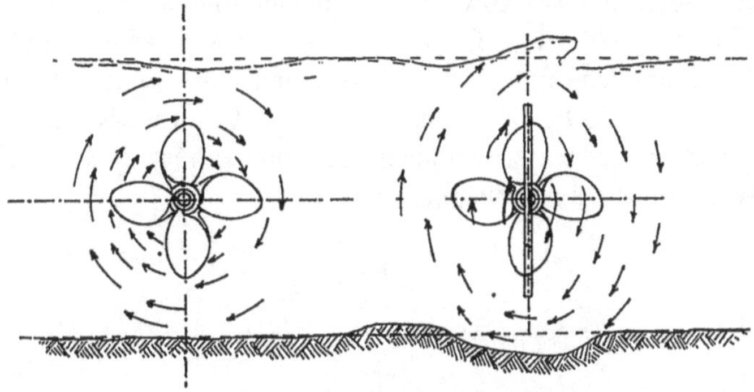

Fig. 61. Fig. 62.

tangentiale Kraftäußerung zerfällt. Während die axiale oder Schubkraft das Fahrzeug fortbewegt, verursacht die Tangentialkraft eine spiralförmig drehende Bewegung der umgebenden Wassermassen (siehe Fig. 61). Je schlechter eine Schraube konstruiert ist, d. h. je größer die Tangentialkraft im Verhältnis zur Schubkraft ist, um so heftiger werden die Wassermassen umhergeschleudert, und in einem desto größeren Umkreise wird das von der Schraube aufgewühlte Wasser in Bewegung gesetzt.

Solange nun diese kreisenden Wassermassen nicht abgelenkt werden und die Schraube genügend weit von der Kanalsohle entfernt ist, können sie derselben nicht besonders gefährlich werden. Das ändert sich jedoch, sobald sich hinter der Schraube ein Hindernis befindet, und ein solches ist fast immer in Form des Ruderstevens und des Ruders vorhanden. Durch diese werden die Kreisbewegungen gestört, und die bewegten Wasserteilchen nehmen eine mehr elliptische Form an, welche, wenn sie nahe genug der Kanalsohle geraten, diese binnen kurzem arg beschädigen, indem dort mehr oder weniger tiefe Auskolkungen hervorgerufen werden (Fig. 62). Namentlich wenn das betr. Fahrzeug längere Zeit auf der Stelle arbeitet, was vorkommen kann, wenn es sich festgefahren hat, beim Anziehen eines Schleppzuges oder beim Abbringen festgefahrener Schiffe, entstehen an der betreffenden Stelle einerseits tiefe Löcher, andererseits Anhöhungen, die eine nicht zu unterschätzende Gefahr sowohl für den Kanal als auch für andere Fahrzeuge bilden. Es ist daher vorgeschlagen worden, Schiffe, welche mit starken Maschinen ausgerüstet sind und flache Kanäle befahren, an Stelle des Mittelruders mit zwei seitlichen Rudern zu versehen, oder unter der Schraube eine ovale Platte anzubringen.

II. TEIL.

Die Konstruktion der Schraube.

Wie bereits früher erwähnt worden ist, bedarf man zum Entwerfen einer Schraube verschiedener Daten, welche als bekannt vorausgesetzt werden müssen. Es wären diese:

I. Durchmesser, II. Steigung, III. Abgewickelte Flügelfläche, IV. Form und Stellung des Erzeugenden.

Ferner ist auch das Material, aus welchem die Schraube hergestellt werden soll, zu berücksichtigen. Es kommen hierfür hauptsächlich Gußeisen, Stahlguß und Bronze in Frage. Gußeiserne Schrauben fallen im Gewicht am schwersten aus, sind aber auch am billigsten. Stahlgußschrauben können ihrer höheren Festigkeit wegen schwächer und infolgedessen auch leichter ausgeführt werden, müssen jedoch, falls sie in Seewasser arbeiten sollen, entweder verzinnt oder aber an den Flügelspitzen mit Zinkschutzplatten versehen werden, da sie sonst bald zerstört werden. Bronzeschrauben (Mangan- oder Phosphorbronze) zeichnen sich durch große Zähigkeit aus und werden vom Seewasser nur wenig angegriffen. Ihre Herstellung bietet keine Schwierigkeiten, ist jedoch recht kostspielig. Meistens werden nur die Flügel aus Bronze angefertigt, während die Nabe aus Gußeisen hergestellt wird. Letztere wird entweder mit den Flügeln in einem Stück gegossen, was namentlich bei Propellern von geringeren Abmessungen der Fall ist, und erhält alsdann die in Fig. 10—27 (exkl. Fig. 16—18) angegebene Form, oder die Flügel werden auf der Nabe mittelst Schraubenbolzen befestigt, was für große Schrauben fast ausschließlich der Fall ist. Die hierfür übliche würfelförmige Form ist in Fig. 63—68 dargestellt. Die

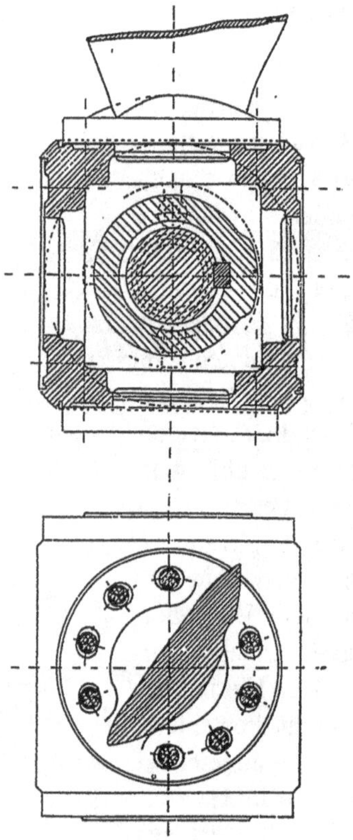

Fig. 63 u. 65

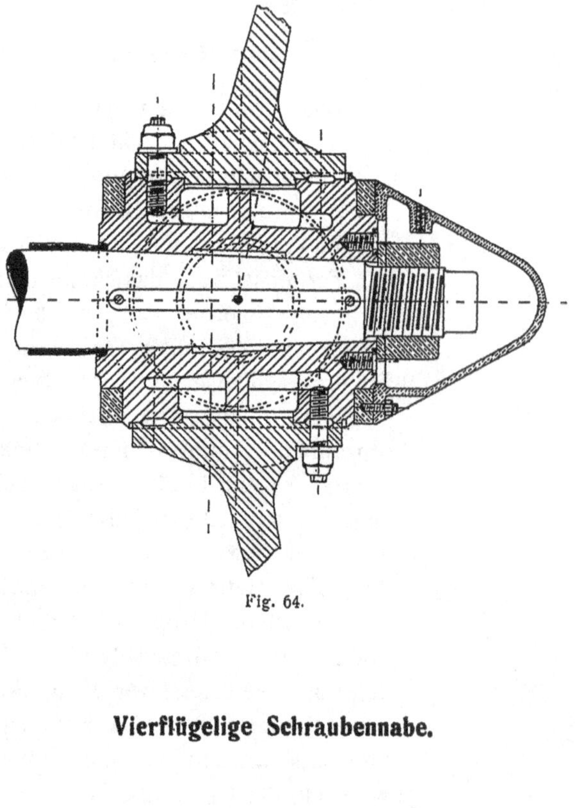

Fig. 64.

Vierflügelige Schraubennabe.

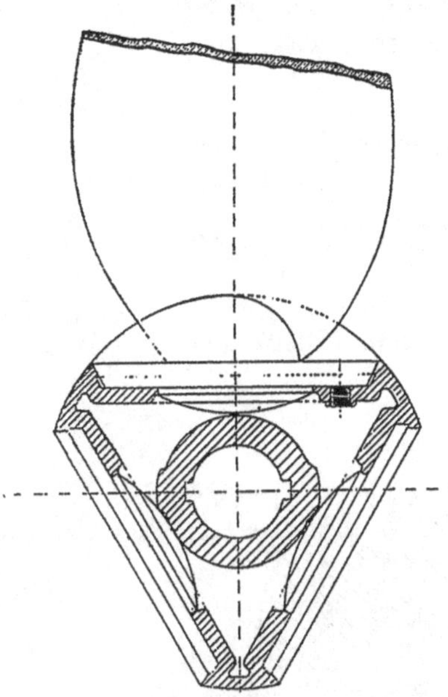

Fig. 66.

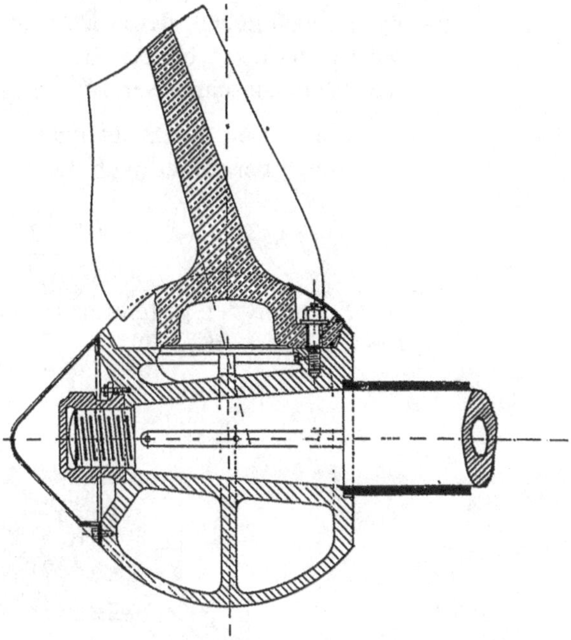

Fig. 67.

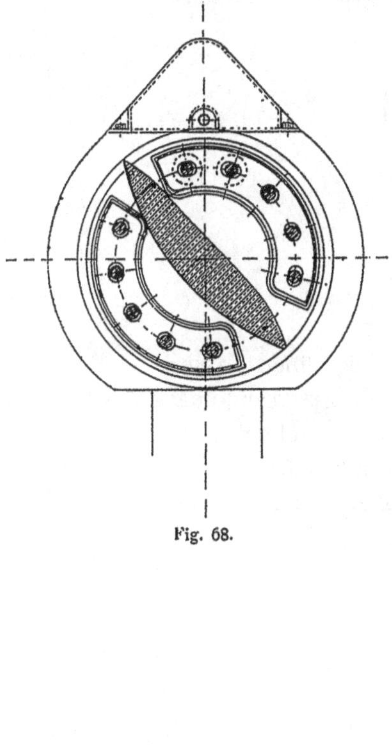

Fig. 68.

Dreiflügelige Schraubennabe.

Flügelflanschen werden in solchen Fällen als Kugelabschnitte ausgeführt, die, auf der Nabe befestigt, derselben die Form einer Kugel geben, deren Durchmesser bei 4 flügeligen Propellern etwa 3,4 bis 3,5, bei 2- und3 flügeligen etwa 3 mal den Wellendurchmesser „d" beträgt.

Die Stärke der Befestigungsbolzen wird für 4 flügelige Schrauben berechnet nach der Formel

$$q = \frac{\frac{d^2 \pi}{4}}{6}. \qquad (42)$$

Dieselben werden gegen Losdrehen durch kleine Stiftschrauben gesichert (Fig. 69).

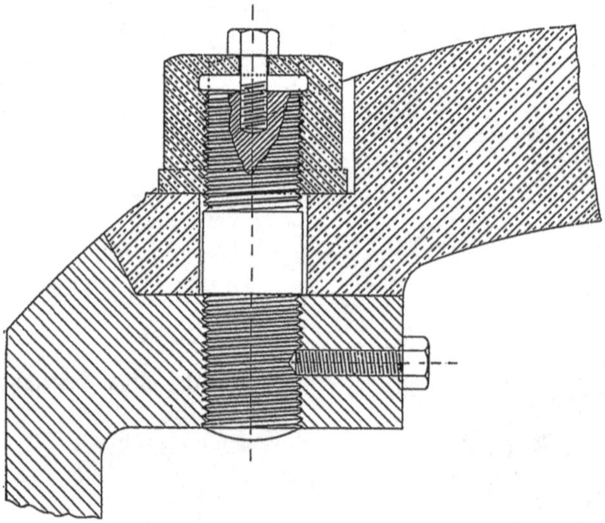

Fig. 69.

Auf den Konus des Schraubenschaftes, über dessen Form das bereits auf Seite 9 (unter „Befestigung der Schraube") Gesagte gilt, wird der Propeller mittelst rechts- oder linksgängiger Kapselmutter aus Bronze oder offener schmiedeeiserner Mutter fest aufgezogen. Bei offener Mutter wird an die Nabe eine sogenannte Schutzhaube wasserdicht befestigt. S. Fig. 64 u. 67.

Die Konstruktion einer 4flügeligen rechtsgängigen Schraube soll an Hand der Fig. 10—12 nunmehr näher erläutert werden.

Man beginnt nach Ziehen der Mittellinien *m-m*, *n-n* zunächst mit dem Entwerfen der Nabe *A*, indem man dieselbe in drei verschiedenen Ansichten aufzeichnet. Alsdann wird in Fig. 10 an die Nabe die abgewickelte Flügelfläche (punktierte) ziemlich willkürlich in der Form zunächst aus freier Hand angezeichnet. Zu beachten ist hierbei nur, daß der größere Teil der Fläche nach der Austrittsseite zu liegen kommt. Bevor nun weiter fortgefahren wird, muß man sich davon überzeugen, ob auch der abgewickelte Flügel der vorher berechneten Fläche wirklich entspricht. Am genauesten und schnellsten läßt sich dieses mit Hilfe eines Planimeters feststellen, andernfalls muß man durch eine Anzahl zu *m-m* parallel durch den Flügel gelegter Linien diesen in Trapeze zerlegen, deren Flächen einzeln auszurechnen und alsdann zu addieren sind.

Diese Methode ist allerdings zeitraubender und auch nicht so genau wie das Planimetrieren, immerhin erhält man damit genügend brauchbare Resultate. Auch die Simpsonsche Regel zur Berechnung ungleicher Figuren kann man hierfür gut verwenden.

Ist die entworfene Fläche annähernd richtig, dann schlägt man vom Mittelpunkt *C* aus eine beliebige Anzahl konzentrischer Kreise durch die Flügelfläche (1, 2, 3, 4, 5 etc.), welche dieselbe in entsprechende Schnitte zerlegen.

Unter Berücksichtigung des gewählten Erzeugenden wird nun ein Längsschnitt des Flügels gezeichnet, aus dem man die nach gegebener Methode berechnete Stärke *s* ersieht (Fig. 11).

Entsprechend der Anzahl konzentrischer Kreise legt man durch diesen Schnitt in denselben Abständen untereinander und vom Mittelpunkt entfernt eine nämliche Zahl zur Mittellinie *m-m* paralleler Linien (1, 2, 3, 4, 5 etc.) Fig. 11.

In Abbildung 10 kann man jetzt die Zum Formen des

Flügels notwendigen Querschnitte $q\,1$, $q\,2$ etc. eintragen. Die Länge derselben ist gleich den gestreckten Kreisbögen.

Die größte Breite entspricht der jeweiligen Stärke des Flügels. Beim Zeichnen derselben erinnere man sich des auf Seite 24 Gesagten.

Es werden nunmehr in Fig. 12 die Steigungslinien aufgezeichnet. Zu diesem Zwecke trägt man vom Mittelpunkt C aus auf die Mittellinie $n\,n$ die Steigung in einem beliebigen Maßstabe an, worauf man an dem Endpunkte x derselben eine zu ihr senkrechte Linie $x\,y$ errichtet. Die Länge derselben in dem nämlichen Maßstabe ist gleich dem äußeren Umfange der Schraube zu machen.

Es ist jetzt allgemein üblich und auch am bequemsten, Steigung und Umfang im Maßstabe $2\,\pi$ aufzutragen. Es wird alsdann:

$$C\,x = \frac{\text{Steigung}}{2\,\pi}$$

und ferner:

$$x\,y = \frac{2\,R\,\pi}{2\,\pi} = R\,(\text{Radius}).$$

Der Winkel β wird nunmehr an xy angetragen, worauf man auf xy die Abstände der konzentrischen Kreise von Abbildung 10 überträgt. In den Schnittpunkten werden Senkrechte errichtet, deren Längen, d. h. ihre Abstände zwischen xy und xz vom Mittelpunkt (C) aus auf Cx abzutragen sind. Zieht man nunmehr von den Schnittpunkten dieser Senkrechten mit xz Linien durch die entsprechenden Punkte auf Cx, so erhält man die gesuchten Steigungslinien.

Durch den Mittelpunkt gehen letztere nur dann alle, wenn die Erzeugende zur Achse rechtwinklig steht (Fig. 15 und 18).

Trägt man jetzt die senkrechten Entfernungen von der Mittellinie nn bis zur Randlinie der abgewickelten Flügelfläche auf Abb. 10 mit „p“ bezeichnet an die Steigungslinien von der Mittellinie zu beiden Seiten ab und verbindet diese Punkte miteinander durch eine fortlaufende Kurve, so erhält man die Umfangslinie des Schraubenflügels im Grundriß. Der Querschnitt *l* wird zur Vervollständigung der Umfangslinie mit eingezeichnet.

Man kann nunmehr Abb. 11 vervollständigen, indem man die Seitenansicht des Flügels aufzeichnet. Es läßt sich dieses ohne weitere Schwierigkeiten bewerkstelligen, indem man die Abstände der Schnittpunkte zwischen Steigungslinie und Umfangskurven von der Mittellinie *nn* auf die entsprechenden Linien (*aa*, *bb* etc.) abträgt und die einzelnen Punkte durch eine Linie miteinander verbindet.

Die projizierte Flügelfläche in Abb. 10 erhält man folgendermaßen. Man nehme einen beliebigen Punkt auf der abgewickelten Flügelfläche z. B. *f* an und trage den senkrechten Abstand desselben auf der zugehörigen Steigungslinie in Abb. 12, in diesem Falle also auf *2* ab, worauf man den Punkt f^1 erhält. Die Senkrechte *g* auf *nn* in Abb. 10 schneidet den Kreisbogen in *v*, welcher hiermit ein Punkt der projizierten Flügelfläche sein müßte. Er ist es jedoch nur in dem Falle, wenn *v* und f^1 genau senkrecht übereinander liegen, andernfalls muß man für *f* einen anderen Punkt wählen. Falls die Kanten der Flügelquerschnitte unterschnitten sind, was bei nahe der Nabe liegenden Querschnitten ganz besonders der Fall ist, muß die projizierte Flügelfläche insofern noch korrigiert werden, als der Abstand *h* (Fig. 10) senkrecht zu der entsprechenden Steigungslinie in Fig. 12 beim Punkt f^1 übertragen wird, wodurch man einen zweiten Punkt f^2 erhält, zu dem, senkrecht darüber liegend, Punkt v^1. auf der tatsächlichen projizierten Flügelfläche liegen würde.

Außer dieser eben angeführten Art, um aus der abgewickelten Flügelfläche die projizierte aufzuzeichnen oder umgekehrt, gibt es noch verschiedene andere Abwickelungsmethoden, welche in der Praxis mehr oder weniger Verbreitung gefunden haben. Zu erwähnen ist allerdings, daß alle diese Abwickelungsmethoden nur ein näherungsweises, jedoch für die Praxis richtiges Bild liefern.

Ellipsen-Abwickelungsmethode. Eine der bekanntesten Abwickelungsmethoden ist auch diejenige vermittelst elliptischer Hilfslinien, die sogenannte Ellipsenmethode. (Siehe

Fig. 70.) Gegeben sei die abgewickelte Fläche, gesucht die projizierte. Man verfährt dabei wie folgt: Vom Mittelpunkt O trägt man nach rechts und links auf der Linie $m\,n$ die Steigung im Maßstabe von $\frac{H}{2\pi}$ ab, wodurch man die Punkte s und s^1 erhält. Von diesen Punkten aus errichtet man nunmehr die Steigungslinien für die zugehörigen konzentrischen Schnitte. Trägt man alsdann die Länge der

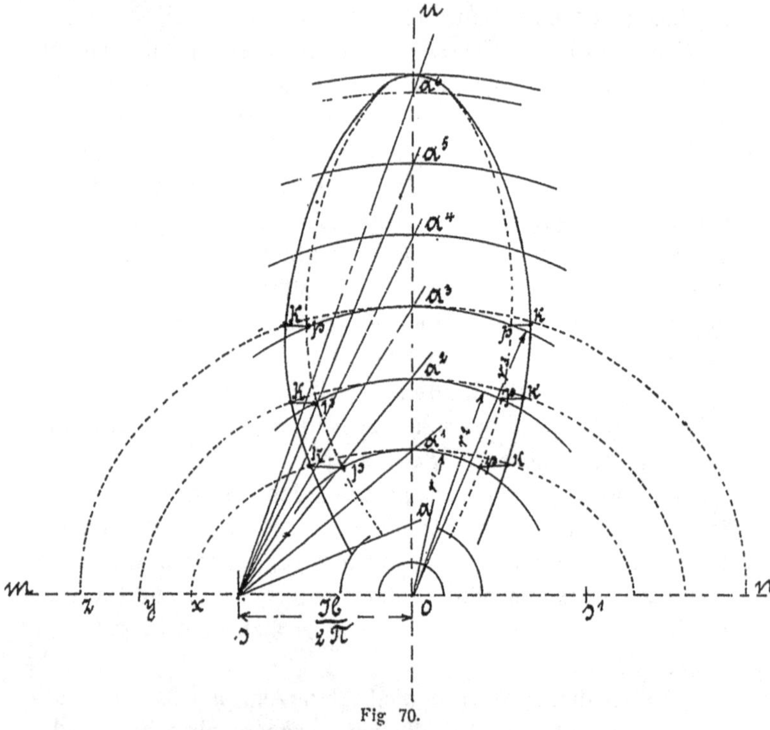

Fig 70.

Steigungslinien von O aus auf $m\,n$ ab, so erhält man die Punkte x, y, z etc. Wir können jetzt für den betreffenden konzentrischen Schnitt eine Ellipse konstruieren, da uns nun beide Halbachsen derselben gegeben sind. Der Radius r^1, r^2 etc. des betreffenden Schnittes ist die kleine, die auf $m\,n$ abgetragenen Steigungslinien Ox, Oy, Oz etc. die größere Achse. In dem Schnittpunkt k der Ellipse mit der abgewickelten Flügelfläche errichtet man zu O eine Senkrechte, deren Schnittpunkt *p* mit dem Kreisbogen der kleinen Halbachse *r* den gesuchten Punkt für die projizierte Fläche bildet, welcher dem Punkte *k* der abgewickelten Fläche entsprechen würde.

Man wiederholt dieses Verfahren für sämtliche durch den Flügel gelegte Schnitte nach rechts und links von seinen Mittellinien aus und erhält durch Verbindung der Punkte ein annähernd richtiges Bild der projizierten Flügelfläche.

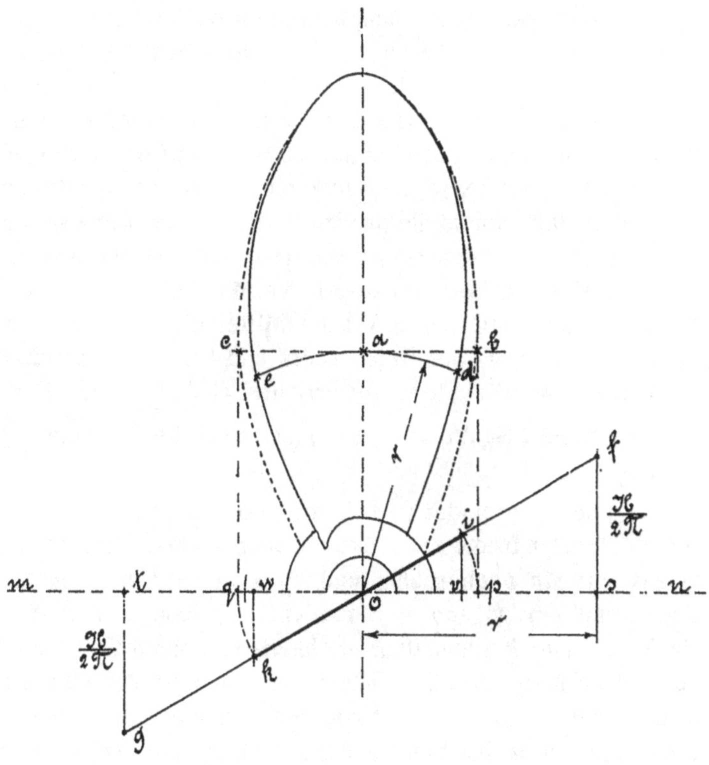

Fig. 71

Dr. Bauer Abwickelungsmethode. Eine andere Methode nach Dr. Bauer ist folgende (Fig. 71): Man zieht eine Parallele *bc* zu *mn*, trägt vom Mittelpunkt *O* aus don betreffenden Radius *r* des konzentrischen Schnittes nach rechts und links auf *mn* ab und errichtet in den Punkten *s* und *t* hierzu

Senkrechte in der Länge von $\frac{H}{2\pi}$ für den betreffenden Schnitt. Verbindet man nunmehr die Endpunkte *f* und *g* durch *O* miteinander, so erhält man die betreffende Steigungslinie, trägt auf dieser von *O* aus die Stücke *ac* und *ab* ab und errichtet in diesen neuen Punkten *i* und *k* Lote auf *mn*.

Die Stücke *ov* und *ow* auf dem konzentrischen Schnitt aufgetragen, ergeben nunmehr Punkte *de* der projizierten Fläche für diesen Schnitt.

Natürlich kann man auch, falls die projizierte Fläche gegeben ist, aus dieser die abgewickelte herleiten. Dieser Fall wird namentlich dann eintreten, wenn man in die Lage kommt, eine bereits vorhandene Schraube aufzuzeichnen. Legt man sich den Propeller auf die mit einem Papierbogen bedeckte Richtplatte, so kann man ohne weiteres vermittelst eines Anschlagwinkels die projizierte Fläche punktweise auf dem darunterliegenden Bogen fixieren. Um nun hieraus die abgewickelte Fläche herzustellen, verfährt man z. B. nach Methode Bauer wie folgt: Auf der Mittellinie *mn* trägt man vom Mittelpunkt *O* aus nach rechts und links den Radius *r* des betreffenden Schnittes ab; errichtet alsdann in den Endpunkten *s* und *t* Senkrechte, auf denen man die Steigung $\frac{H}{2\pi}$ abträgt.

Nunmehr verbindet man *f* und *g* durch *O* miteinander. Hierauf trägt man die gestreckten Bogenstücke *ad* und *ae* von *O* aus auf *mn* nach rechts und links ab, errichtet in den Schnittpunkten *w* und *v* Senkrechte, welche *gOf* in den Punkten *i* und *k* schneiden. Schlägt man nunmehr von *O* aus mit *Oi* resp. *Ok* einen Bogen, so schneidet derselbe *mn* in den Punkten *p* und *q*. Errichtet man jetzt mit *p* und *q* Lote, und von *a* aus Senkrechte auf diese Lote, so werden die Schnittpunkte *c* und *b* Punkte der gesuchten abgewickelten Flügelfläche sein.

III. TEIL.

Die Herstellung der Schiffsschraube.

Bei Anfertigung der Schiffsschraube bedient man sich nur höchst selten der sonst üblichen Holzmodelle, da dieselben durch die eigenartige Form der Flügel schwierig herzustellen sind. Man formt die Flügel lieber aus Lehm oder bei kleineren Schrauben aus Gips.

Hierbei verfährt man folgendermaßen:

Richtplatte. Auf einer genügend großen Richtplatte, welche mit einer Anzahl eingedrehter, konzentrischer Kreise versehen ist, wird zunächst im Mittelpunkt derselben eine entsprechend starke Spindel (Fig. 72) auf irgend eine Art rechtwinklig (senkrecht) zur Richtplatte befestigt.

Diese Spindel ist mit einer leicht beweglichen, jedoch genau und ohne Spiel passenden Hülse versehen, welche sich bequem auf der Spindel auf- und abschieben läßt. Die Enden der Hülsen sind mit horizontalen Lappen versehen, zwischen denen das betreffende Streichbrett vermittelst einiger Bolzen eingespannt wird.

Streichbrett. Das Streichbrett stellt man sich aus Holz oder auch Blech her entsprechend dem jeweiligen Radius der zu konstruierenden Schraube.

Steht die Erzeugende senkrecht zur Achse, so bekommt dasselbe eine rechteckige Form, im anderen Falle wird der Winkel β, um welchen die Schraubenflügel zur Horizontalen geneigt stehen, angetragen (Fig. 72).

Die Kanten des Streichbrettes versieht man mit kleinen Ausschnitten, die in denselben Abständen anzubringen sind, wie die betreffenden Querschnitte auf der Flügelzeichnung.

Die Länge des Streichbretts muß etwas größer genommen werden als der zu konstruierende Flügelradius, da er noch über die Umfangsschablone, welche außerhalb des Schraubenradius aufgestellt wird, hinausragen muß.

Umfangsschablone. Die Umfangsschablone stellt ein dreieckiges Blech dar (Fig. 73—74), welches im Radius R^1 gebogen, außerhalb des Flügels auf der Richtplatte befestigt wird.

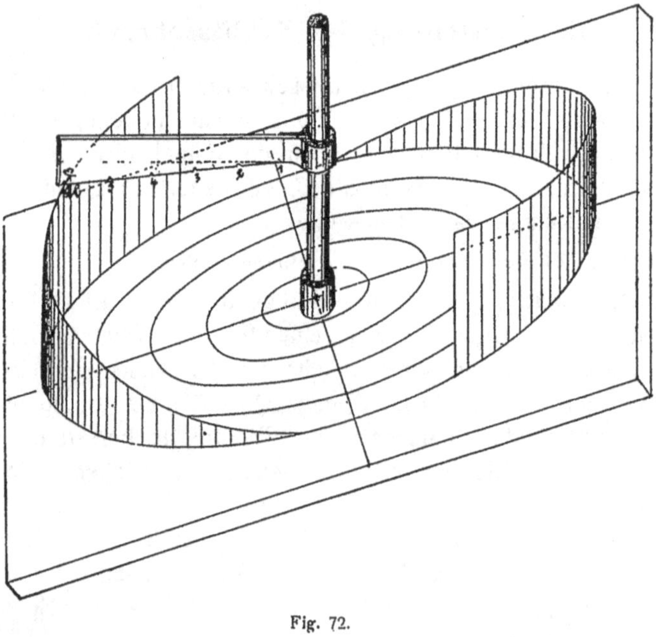

Fig. 72.

Die Kathete b entspricht dem gestreckten Bogen eines Kreisausschnittes, auf welchen sich der zu formende Flügel aufzeichnen läßt.

Die Kathete m findet man aus der Steigung der betreffenden Schraube und dem Radius R^1 der Umfangsschablone nach der Proportion:

$$\frac{m}{\text{Steigung}} = \frac{b}{2 R^1 \pi} \,. \qquad (43)$$

Hieraus ergibt sich

$$m = \frac{\text{Steigung} \cdot b}{2 R^1 \cdot \pi} \,, \qquad (44)$$

d. h. die Kathete *m* verhält sich zur Schraubensteigung wie der gestreckte Bogen *b* zum ganzen Umfange des Kreises $2 R^1 \pi$ (siehe Fig. 77 u. 78).

Es sei z. B. die Umfangsschablone für eine Schraube herzustellen, welche einen Durchmesser von 2 m bei einer Steigung von 2,3 m besitzt. Der Radius R^1, aut welchem die Schablone aufzustellen wäre, betrage 1,2 m, der gestreckte Bogen eines Kreisausschnittes, auf dem sich die Flügelbreite formen läßt, 1 m. Welche Abmessungen müßte das Dreieck demnach erhalten?

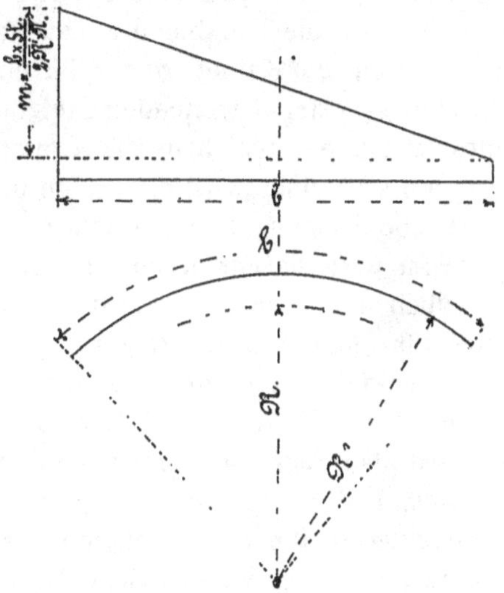

Fig. 73 u. 74.

Die Kathete *b* ist gegeben, sie beträgt 1 m. Kathete *m* wäre zu berechnen; es ist das Verhältnis:

$$\frac{m}{St} = \frac{b}{2 R^1 \pi} =$$

$$= \frac{m}{2,3} = \frac{1}{7,536},$$

$$m \; 7,536 = 2,3,$$

$$m = \frac{2,3}{7,536} = 0,305 \text{ m}.$$

Derartige Umfangsschablonen kann man sich für verschiedene Durchmesser und alle Arten von Steigungen anfertigen und vorrätig halten, um die Steigungsverhältnisse vorhandener Schrauben festzustellen, welche man zu diesem Zwecke einfach auf die Richtplatte setzt und nun die Umfangsschablonen so lange ansetzt, bis die richtige gefunden ist. Zu beachten ist hierbei natürlich, daß nur solche Schablonen verwendet werden können, die für einen kleineren Radius, als ihn der betreffende Schraubenflügel besitzt, berechnet sind, da ja andernfalls die Schablone den Flügel gar nicht berühren würde. Die verschiedenen Durchmesser und Steigungen sind in jede Schablone einzuschlagen resp. sonstwie zu verzeichnen, damit man sofort weiß, auf welchen Radius der Richtplatte die Schablone aufzusetzen ist, denn naturgemäß entspricht die Kathete *m* nur für einen ganz bestimmten Durchmesser der betreffenden Steigung. Je größer der Durchmesser ist, auf welchem die Umfangsschablone angelegt wird, um so kleiner wird die Länge der Kathete *m* für ein und dieselbe Steigung ausfallen und umgekehrt, d. h. nach der Nabe zu wird sie entsprechend wachsen.

Bei Schrauben mit peripherial veränderlicher Steigung (verschiedener Ein- und Austrittssteigung) wird die Schablone an der Druckfläche des zu messenden Flügels nicht anliegen, sondern einen Hohlraum mit demselben bilden, die Druckfläche wird also gekrümmt erscheinen. Es ist dieses immer ein Beweis, daß man es mit einer Schraube von veränderlicher Steigung zu tun hat. Man muß daher für Ein- und Austrittssteigung zwei verschiedene Schablonen vorsehen, siehe Fig. 31. Bei radial veränderlicher Steigung mißt man, wie schon früher erwähnt wurde, die auf 0,7 *R* liegende Steigung.

Für die Steigungsverhältnisse peripherial veränderlicher Schrauben gilt das auf Seite 17—18 Gesagte.

Der Raum zwischen Umfangsschablone und Spindel wird mit weichem Lehm angefüllt, das Streichbrett auf die Umfangsschablone aufgesetzt und langsam auf derselben bei gleichzeitiger Drehung um die Spindel abwärts geführt, wodurch der überflüssige Lehm abgestrichen und ein Block hergestellt wird, auf welchem nach Trocknen desselben die Form des Flügels aufgezeichnet und die Querschnittsschablonen, welche man aus dünnem Blech herstellt, an den entsprechenden, durch die Nuten des Streichbrettes markierten Stellen aufgesetzt werden. Der Raum zwischen den Schablonen wird nunmehr mit Lehm oder Gips angefüllt, und erhält man auf die Art ein genaues Modell des zu formenden Schraubenflügels, welcher nach entsprechender Bearbeitung und Säuberung zum Formen benutzt werden kann.

Fig. 72 gibt eine Darstellung der Richtplatte nebst Spindel, Streichbrett und Umfangsschablonen für eine zweiflügelige linksgängige Schraube.

IV. TEIL.

Schiffswiderstand und Kraftbedarf.

Wird ein Fahrzeug im Wasser durch eine Kraft fortbewegt, so hat es einen Widerstand zu überwinden, der um so größer ist, je schneller das betr. Schiff fährt. Ferner ist der Schiffswiderstand abhängig von der Form des Fahrzeuges, von der Glätte seiner mit dem Wasser in Berührung kommenden Oberfläche sowie auch noch von der Größe und Tiefe des Gewässers, auf dem sich das Fahrzeug befindet. Der Schiffswiderstand für ein bestimmtes Fahrzeug läßt sich an Hand von Versuchen mit Modellen resp. möglichst ähnlichen Fahrzeugen, welche vermittelst einer besonderen Vorrichtung geschleppt werden, ziemlich genau im voraus berechnen.

Befestigt man ein Schiffsgefäß mit einem langen, dünnen Drahtseil an einem Schleppdampfer oder einer am Ufer entlang fahrenden Treidelvorrichtung und schaltet in das Drahtseil ein Dynamometer ein, so kann man den Widerstand des geschleppten Fahrzeuges für verschiedene Geschwindigkeiten direkt vom Dynamometer in kg ablesen (siehe Abbildung Fig. 75).

Bezeichnet man den vom Dynamometer angezeigten Widerstand mit R, die Schiffsgeschwindigkeit in Metern pro Sekunde bei diesem Widerstand mit v, so ist die zur Fortbewegung erforderliche theoretische Kraftleistung in Pferdestärken:

$$PSe = \frac{R \cdot v}{75} \qquad (45)$$

Der effektive, zur Fortbewegung des Fahrzeuges erforderliche Kraftbedarf ist jedoch bedeutend höher, da die

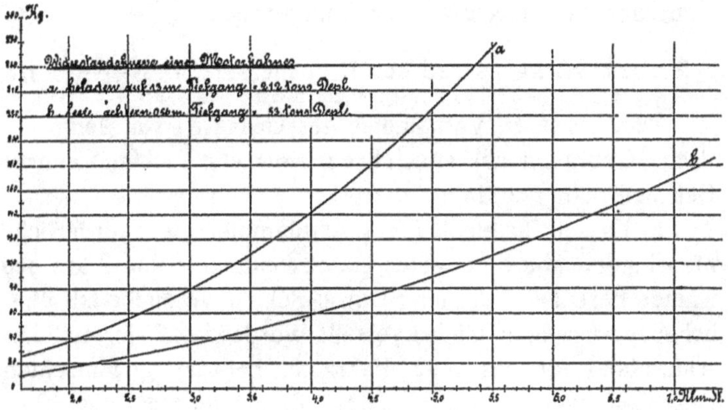

Fig. 75.

von der Maschine an den Propeller abgegebene Kraft nicht voll ausgenutzt wird, sondern durch Reibung, Wirbel etc. erhebliche Verluste entstehen und nur ein Teil der aufgewandten Kraft in nützliche Schubkraft umgewandelt wird. Berücksichtigt man alle diese Faktoren gebührend und bezeichnet den Wirkungsgrad des Propellers mit ηp, so ist die effektive von der Maschine zu leistende Arbeit in PS. ausgedrückt:

$$PSem = \frac{R \cdot v}{75 \cdot \eta p} \qquad (46)$$

Für den Wirkungsgrad der G e s a m t a n l a g e ist indes auch noch der Wirkungsgrad der Maschine, d. h. der Unterschied zwischen der indizierten und gebremsten Leistung, mit in Rechnung zu setzen und die endgültige Formel lautet alsdann, wenn man den Wirkungsgrad der Maschine mit ηm bezeichnet:

$$PSi = \frac{R \cdot v}{75 \cdot \eta p \cdot \eta m} \qquad (47)$$

Die nach dieser Formel errechnete Leistung stellt den wirklich erforderlichen Kraftbedarf dar. —

Umgekehrt kann man durch Umsetzen einzelner Faktoren dieser Formeln den Wirkungsgrad der Gesamtanlage sowie auch denjenigen des Propellers ohne weiteres errechnen. Die diesbezügl. Formeln würden dann lauten:

für den Wirkungsgrad der Anlage: $\eta = \frac{PSe}{PSi}$ (48)

für den Wirkungsgrad des Propellers: $\eta p = \frac{R \cdot v}{75 \cdot PSem}$ (49)

Zum besseren Verständnis des Gesagten soll der praktische Gebrauch der angeführten Formeln an Hand einiger Beispiele näher erläutert werden.

1. Es soll für einen Flußfrachtdampfer die erforderliche Maschinenleistung bei einer Geschwindigkeit von 8 km pro Stunde berechnet werden. Durch Schleppversuche mit ähnlichen Fahrzeugen ist festgestellt worden, daß der Schiffswiderstand für das betr. Fahrzeug bei der gewünschten Geschwindigkeit 200 kg beträgt. Es sei ferner:

der Wirkungsgrad des Propellers: $\eta p = 0{,}5$

der Wirkungsgrad der Maschinenanlage: $\eta m = 0{,}7$.

Die Schiffsgeschwindigkeit von 8 km in Metern pro Sekunde umgerechnet ist: $v = 2{,}22$.

Alsdann wäre:

$$PSe = \frac{200 \cdot 2{,}22}{75} = \text{rd. } 5{,}9.$$

$$PSem = \frac{200 \cdot 2{,}22}{7{,}5 \cdot 0{,}5} = 11{,}7.$$

$$PSi = \frac{200 \cdot 2{,}22}{75 \cdot 0{,}5 \cdot 0{,}7} = 16{,}8.$$

2. Ein Kanalschiff mit einer Wasserverdrängung von 220 tons fährt mit einer Geschwindigkeit von 5 km. Seine Maschine leistet hierbei 12 PS.i. Durch vorher angestellte Schleppversuche ist der Widerstand des Fahrzeuges bei dieser Geschwindigkeit zu 250 kg festgestellt worden.

Die Maschine arbeitet nach den angestellten Bremsversuchen mit einem Nutzeffekt von 75 %.

Mit welchem Wirkungsgrade arbeitet der Propeller resp. die Gesamtanlage?

Bei einer Geschwindigkeit von 5 km pro Stunde ist die Geschwindigkeit in Metern pro Sekunde $\frac{5000}{3600} = 1{,}38$ m.

und der Wirkungsgrad des Propellers:

$$\eta p = \frac{R \cdot v}{75 \cdot PSem} = \frac{R \cdot v}{75 \cdot PSi \cdot \eta m} = \frac{250 \cdot 1{,}38}{75 \cdot 12 \cdot 0{,}75} = \frac{345}{675} = 0{,}51.$$

der Wirkungsgrad der Gesamtanlage:

$$\eta = \frac{PSe}{PSi} = \left(\frac{R \cdot v}{75}\right) : 12 = \frac{250 \cdot 1{,}38}{75 \cdot 12} = \frac{345}{900} = 0{,}38.$$

Will man sich die Umrechnung der Schiffsgeschwindigkeit in Metern pro Sekunde sparen, so wird bei gegebener Schiffsgeschwindigkeit in km pro Stunde, welches Maß für die Binnenschiffahrt üblich ist, der Wert $\frac{v}{75}$ durch Umrechnen in $\frac{\text{Anz. d. klm.}}{270}$ bei Seeschiffen, wo in Knoten pro Stunde (d. i. 1855 m) gerechnet wird, $\frac{v}{75}$ verwandelt in $\frac{\text{Anz. d. Knot.}}{145{,}5}$ und die Aufgabe zur Berechnung des Propellerwirkungsgrades würde dann lauten:

$$\frac{250 \cdot 5}{270 \cdot 12 \cdot 0{,}75} = \frac{125}{243} = 0{,}51.$$

Tafel I.

von vorn gesehen

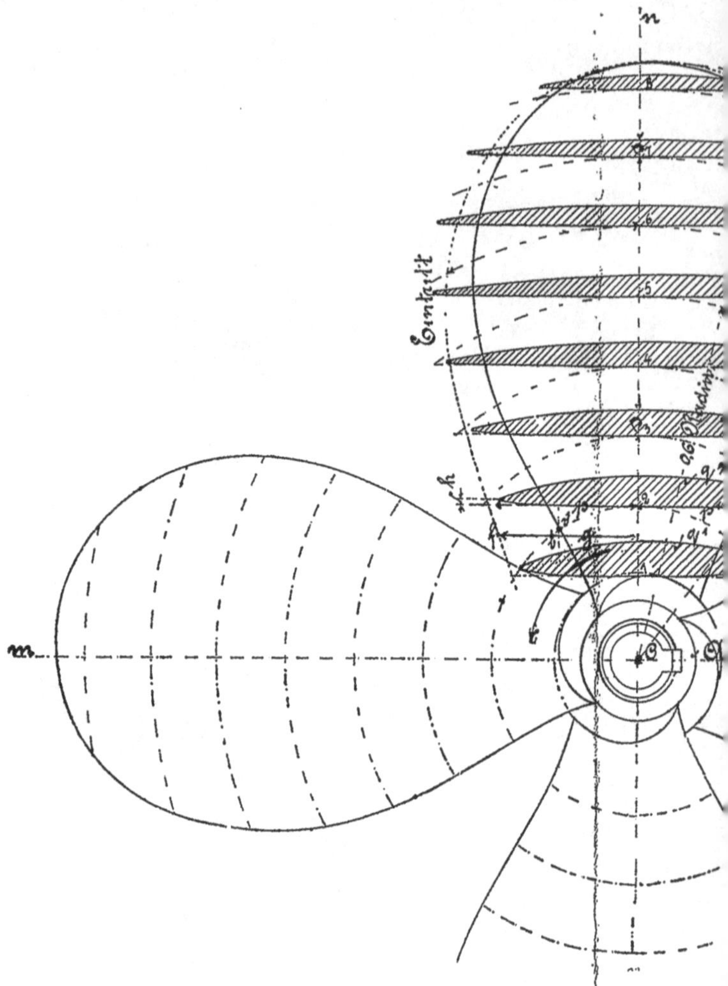

Fig. 10.

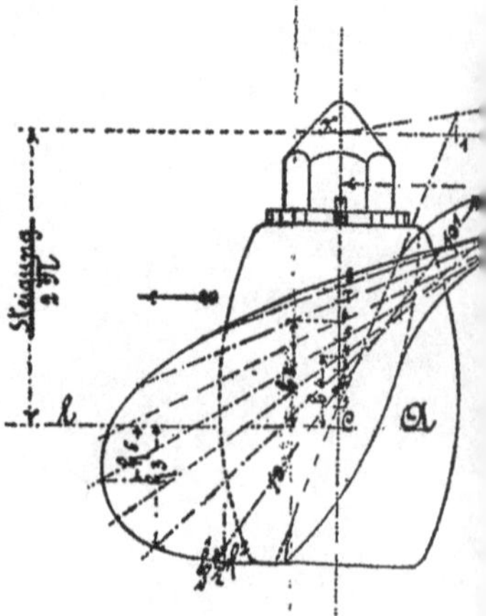

Fig 12.

zu: **Dreihardt, Schraubenpropeller**

Verlag: M. Krayn, Berlin

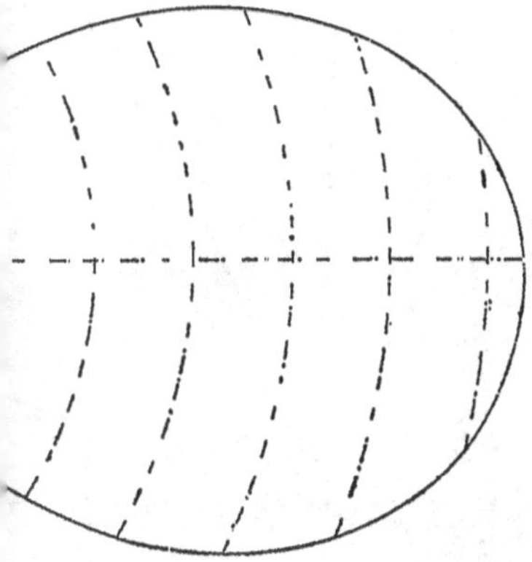

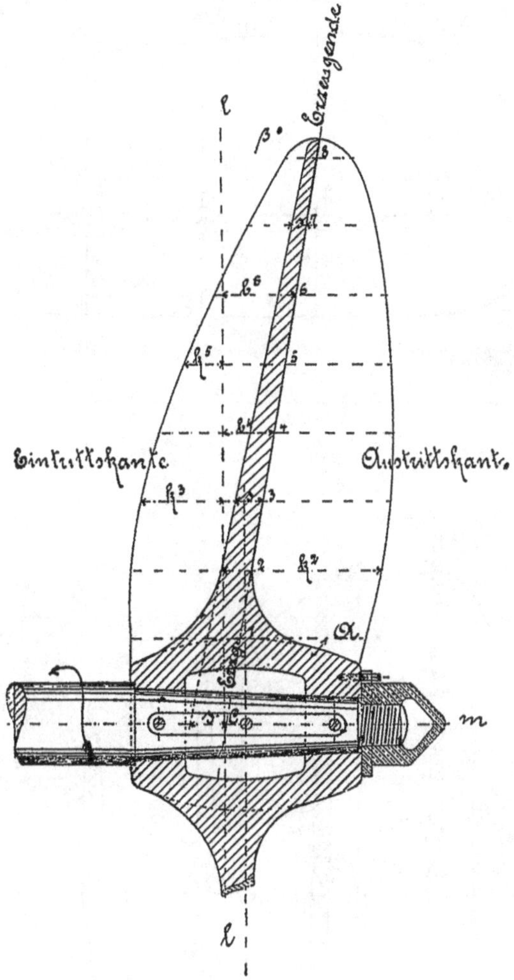

Fig. 11

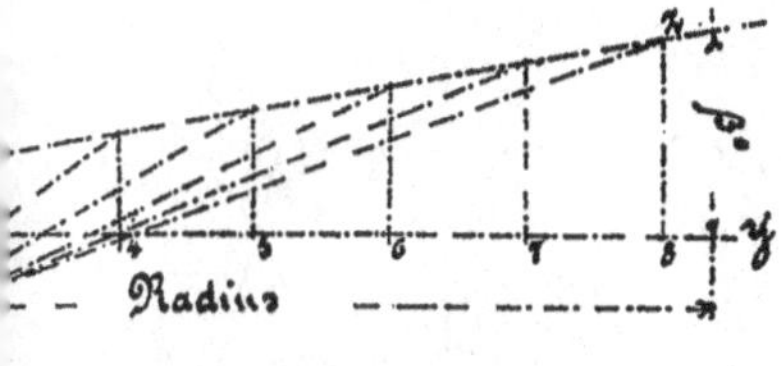

Rechtspropeller.

Tafel II.

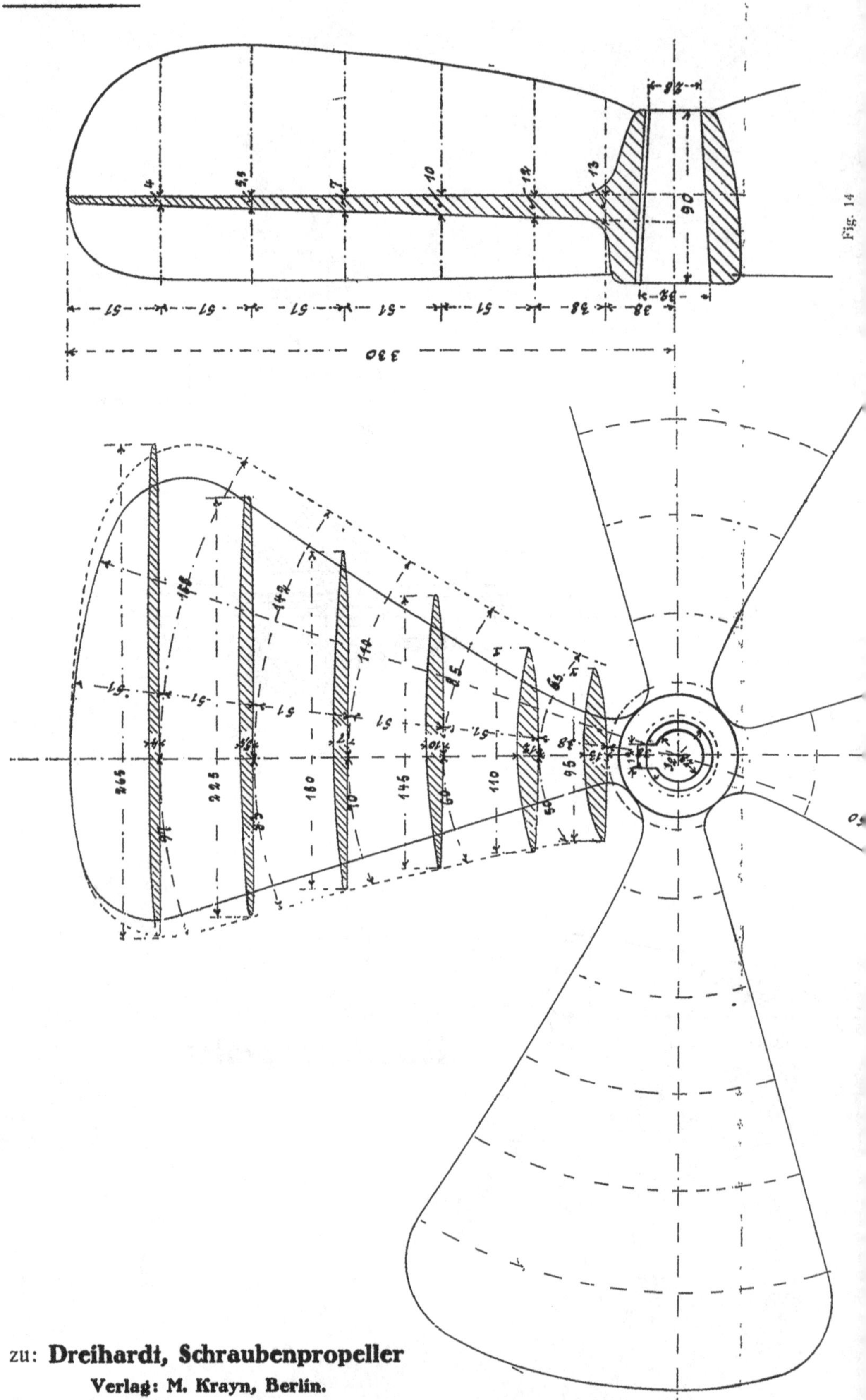

Fig. 14

zu: **Dreihardt, Schraubenpropeller**

Verlag: M. Krayn, Berlin.

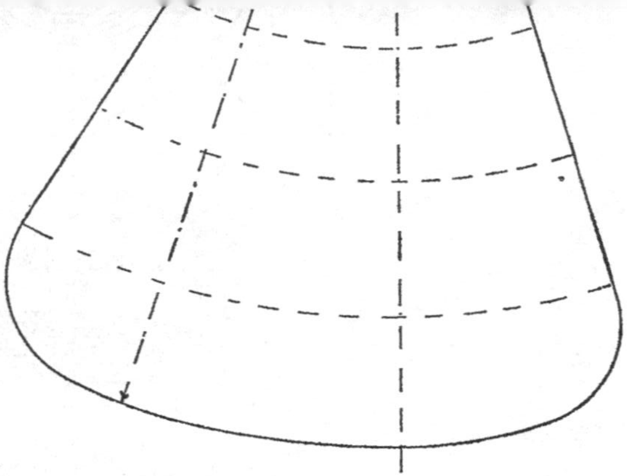

Fig. 13

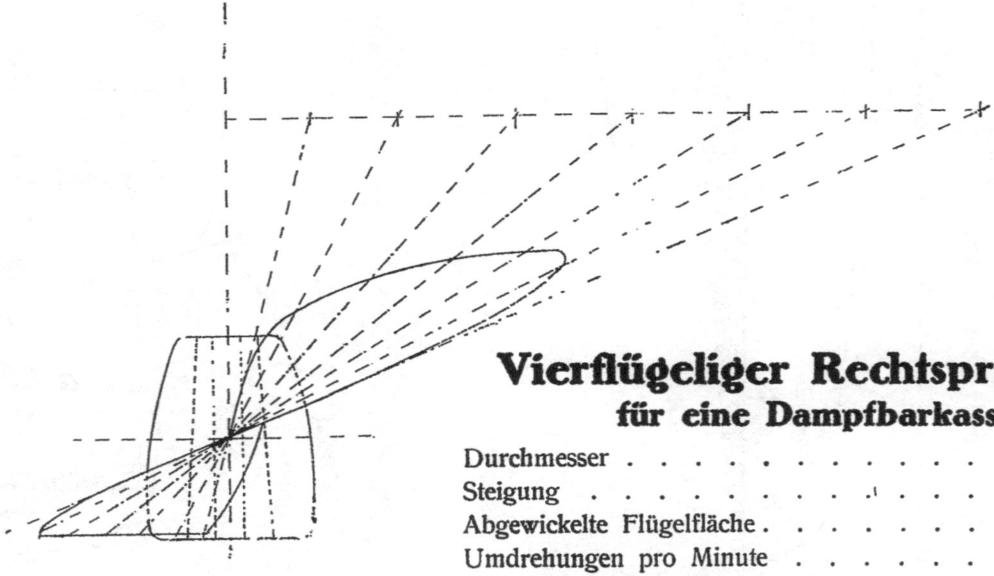

Fig. 15.

Vierflügeliger Rechtspropeller
für eine Dampfbarkasse.

Durchmesser	660 mm
Steigung	914 „
Abgewickelte Flügelfläche	0,218 m^2
Umdrehungen pro Minute	400
Schiffsgeschwindigkeit in Knoten pro Stunde . .	7,00

Tafel III.

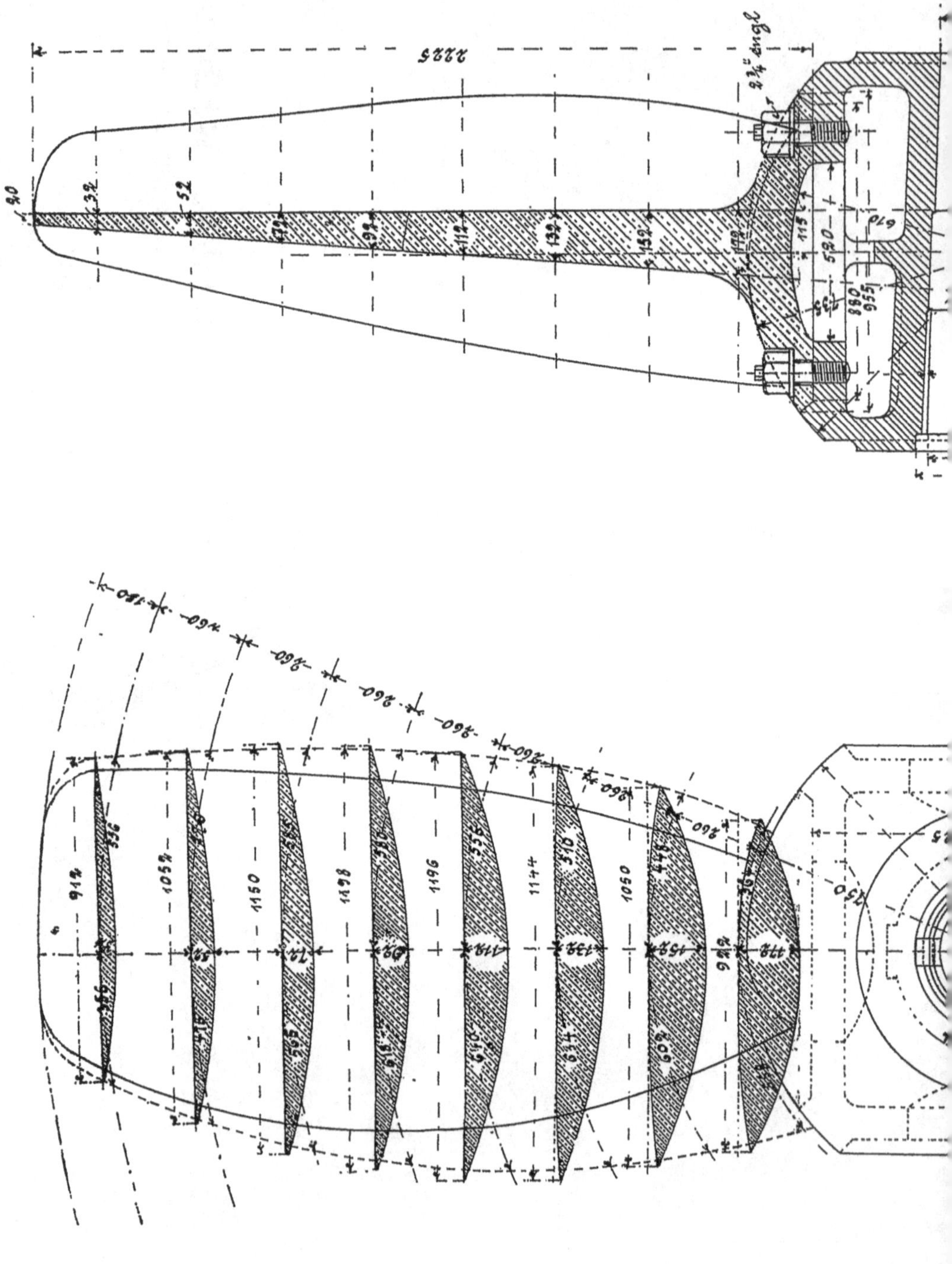

zu: **Dreihardt, Schraubenpropeller**

Verlag: M. Krayn, Berlin.

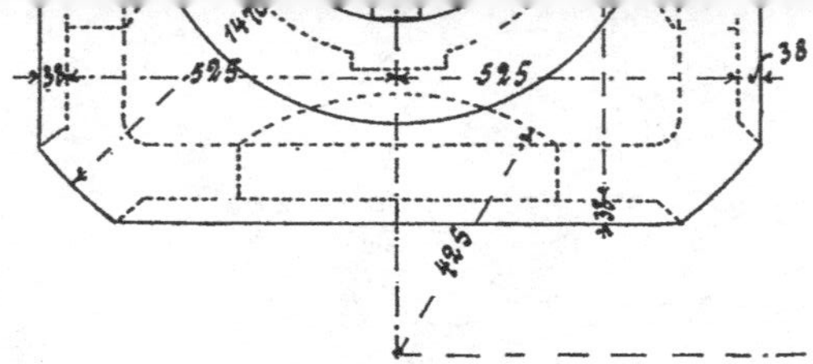

Fig. 16.

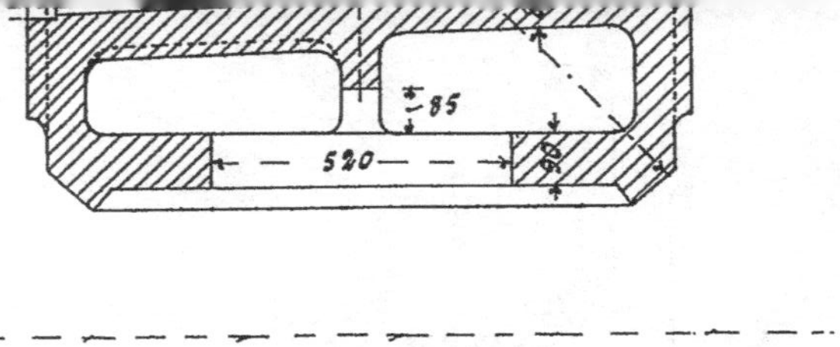

Fig. 17.

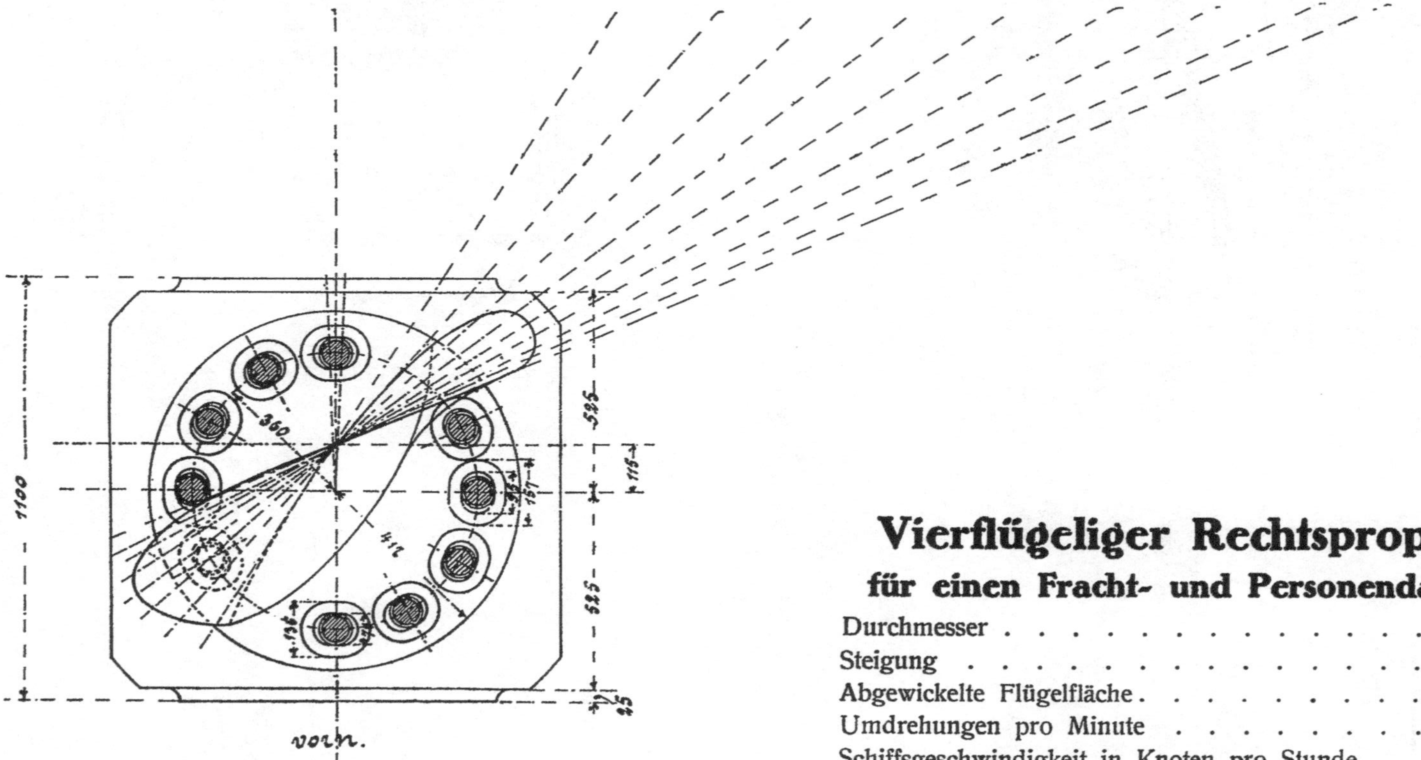

Fig. 18.

Vierflügeliger Rechtspropeller

für einen Fracht- und Personendampfer

Durchmesser	5,5 m
Steigung	7,1 „
Abgewickelte Flügelfläche	8,3 m^2
Umdrehungen pro Minute	70
Schiffsgeschwindigkeit in Knoten pro Stunde . .	15

Tafel IV.

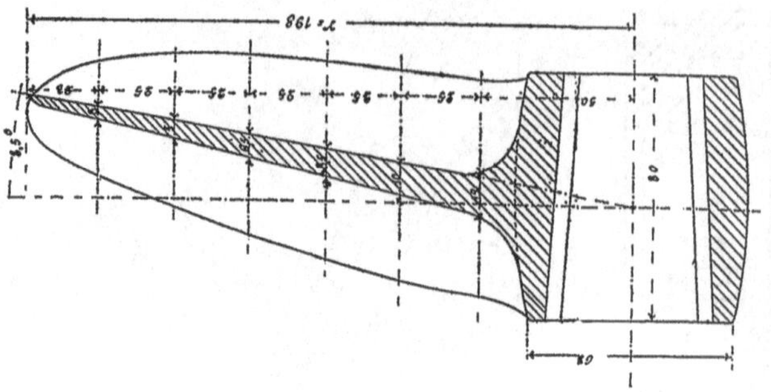

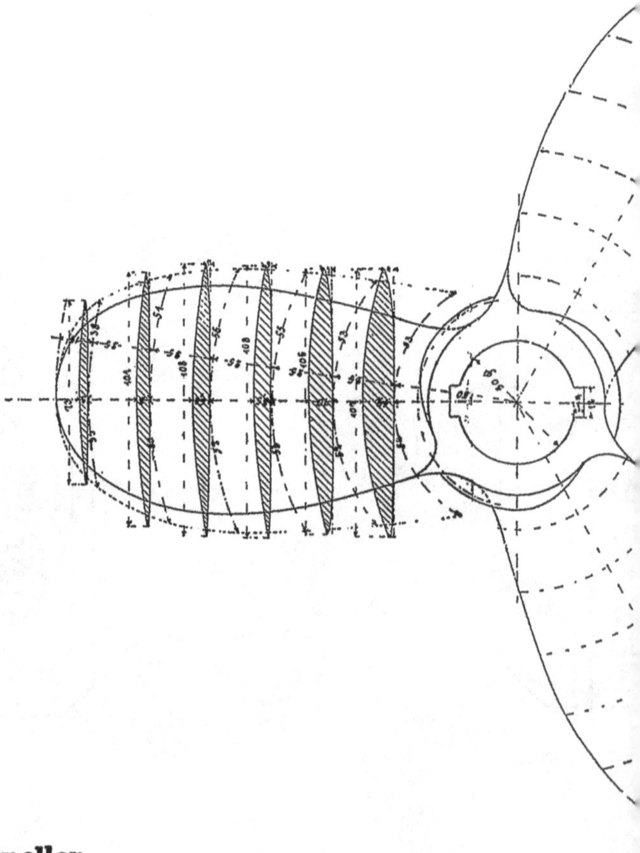

zu: **Dreihardt, Schraubenpropeller**

Verlag: M. Krayn, Berlin.

Fig. 19.

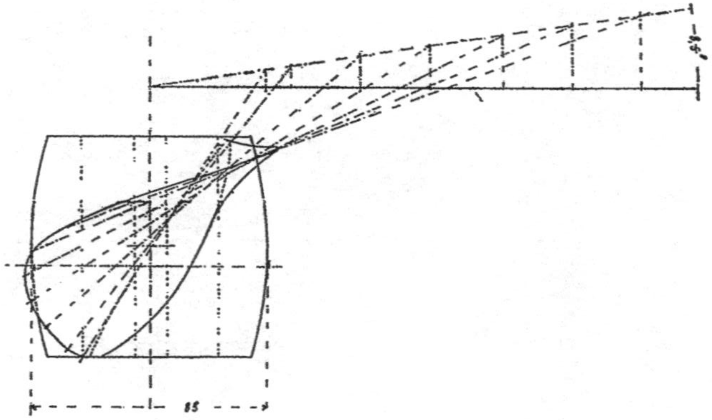

Fig. 21.

Dreiflügeliger Rechtspropeller I

für ein Elektromotorboot

mit zwei Schrauben auf einer Welle.

Durchmesser	380 mm
Steigung	420 „
Abgewickelte Flügelfläche	0,044 m²
Umdrehungen pro Minute	1045
Schiffsgeschwindigkeit in km pro Stunde . . .	16,0

Tafel V.

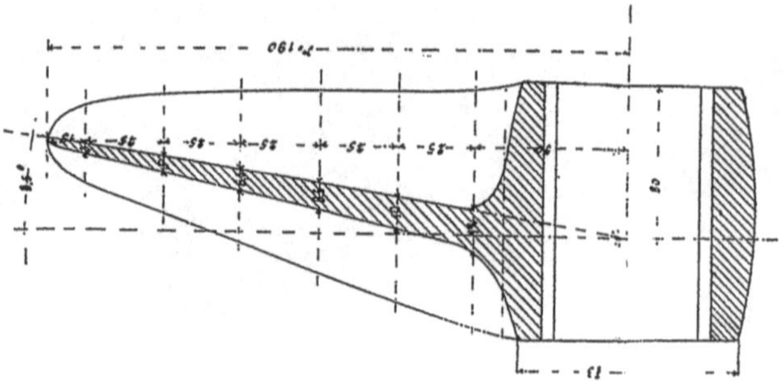

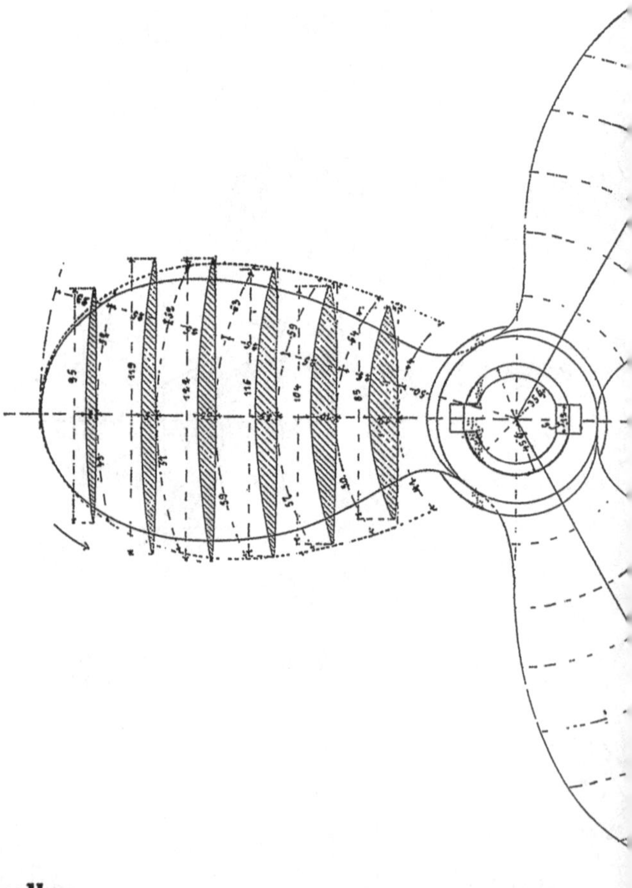

zu: **Dreihardt, Schraubenpropeller**

Verlag: M. Krayn, Berlin.

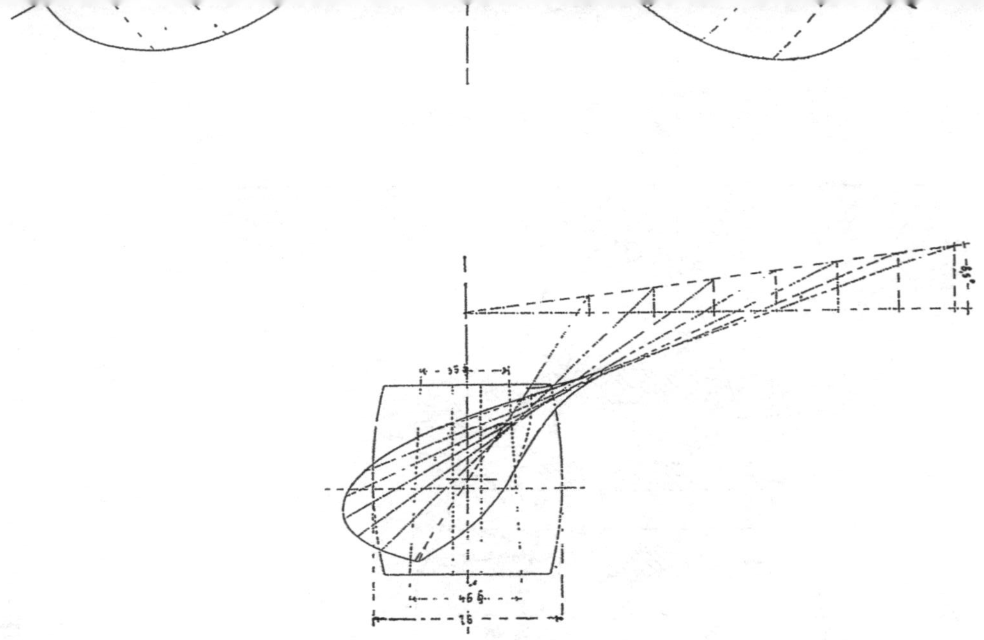

Dreiflügeliger Rechtspropeller II
für ein Elektromotorboot

Durchmesser	395 mm
Steigung	460 „
Abgewickelte Flügelfläche.	0,05 m²
Umdrehungen pro Minute	1045
Schiffsgeschwindigkeit in km pro Stunde . . .	16,0

Tafel VI.

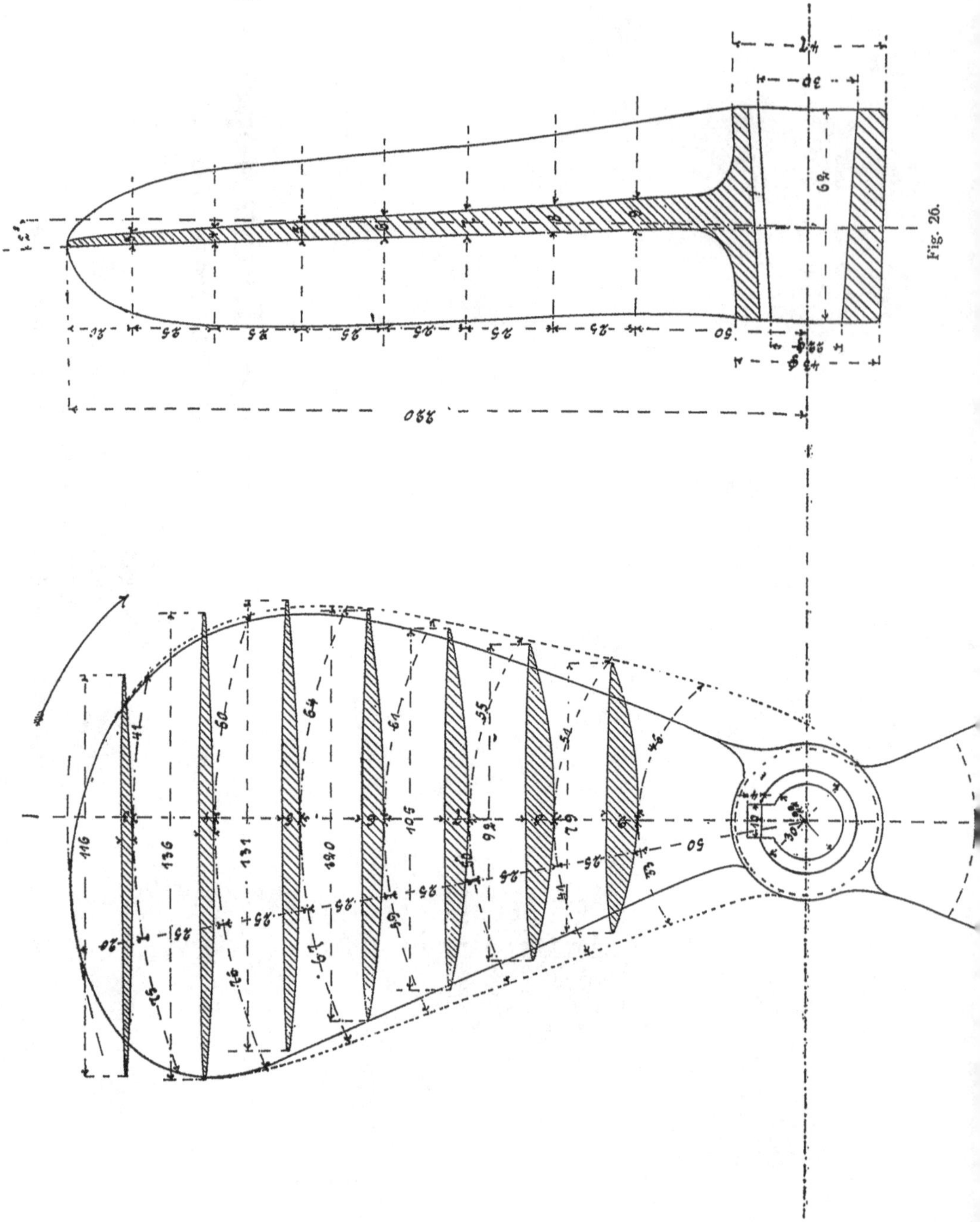

Fig. 26.

zu: **Dreihardt, Schraubenpropeller**

Verlag: M. Krayn, Berlin.

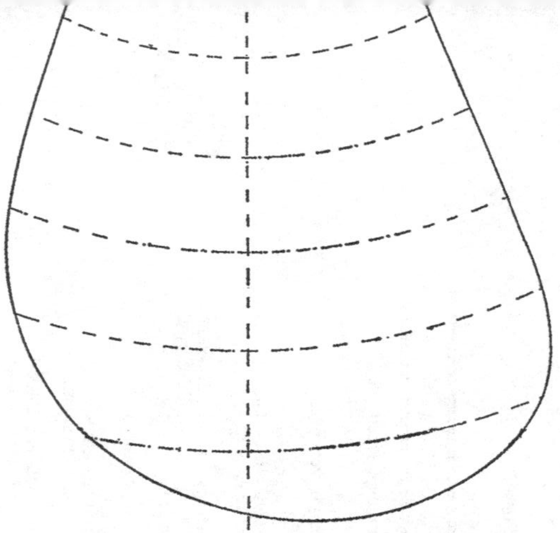

Fig 25.

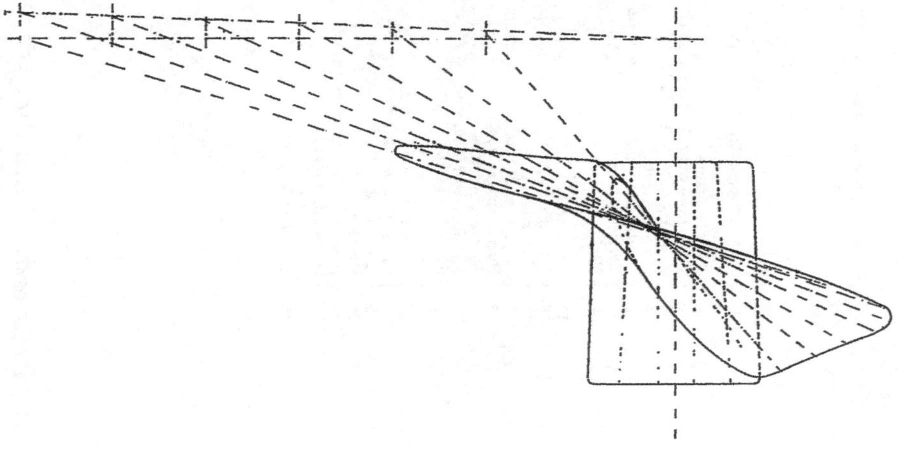

Fig. 27.

Zweiflügeliger Linkspropeller
für ein Elektromotorboot.

Durchmesser	440 mm
Steigung	400 „
Abgewickelte Flügelfläche	0,042 m^2
Umdrehungen pro Minute	700
Schiffsgeschwindigkeit in km pro Stunde . . .	11,0

Tafel VII.

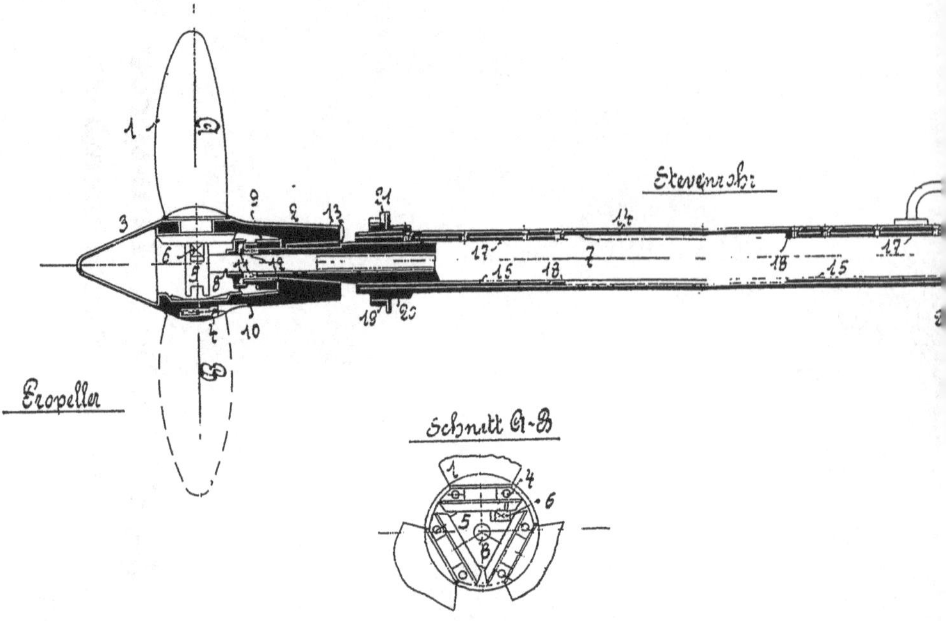

Fig 48.

Bez.	Gegenstand	Bez.	Gegenstand
1	Propeller n. Patent Zeise	31	Verbindungsbolzen
2	Umsteuerprop.-Nabe, Vorderteil	32	" "
3	" " Hinterteil	33	Druckwelle
4	Verbindungsschrauben dafür	34	Zugstange, vorderes Ende
5	Kulisse	35	Querkeil
6	Kulissensteine	36	Schleifringbüchse
7	Propeller- oder Schwanzwelle	37	Einfachwirkende Kugeldrucklg.
8	Zugstange, hinteres Ende	38	Beilegscheiben
9	Propellermutter	39	Keilsicherung
10	Stopfbüchsenmutter f. d. Steuerst.	40	Schleifringgehäuse, Hinterteil
11	Zwischenring	41	" Vorderteil
12	Packung	42	Lagerbüchse
13	Federkeil	43	Grundplatte
14	Stevenrohr	44	Führungsleisten
15	Vordere Lagerbüchse	45	Anschläge
16	Hintere "	46	Oeleinfüllschraube
17	Leisten z. Festhalten d. Büchsen	47	Verbindungsschrauben
18	Begrenzungsringe	48	Lagerschalen
19	Stevenrohrmutter	49	Schmiergefäß mit Deckel
20	Ringförmiger Flansch	50	Stirnrad mit Gewindespindel
21	Sicherungsstück	51	Deckel zum Widerlager
22	Vorderer Flansch	52	Mutter zum Stirnrad
23	Stoffbüchsbrille	53	Staufferdose
24	Stiftschrauben mit Muttern	54	Doppeltwirk. Kugeldrucklager
25	Grundring	55	Distanzbüchsen
26	Packung	56	Beilegringe
27	Staufferbüchse m. Rohranschl.	57	Ringmutter für das Kugellager
28	Schalenkupplung	58	Drucklagerdeckel
29	Federkeile	59	Lagerbüchse
30	Flanschenkupplung	60	Filzpackung

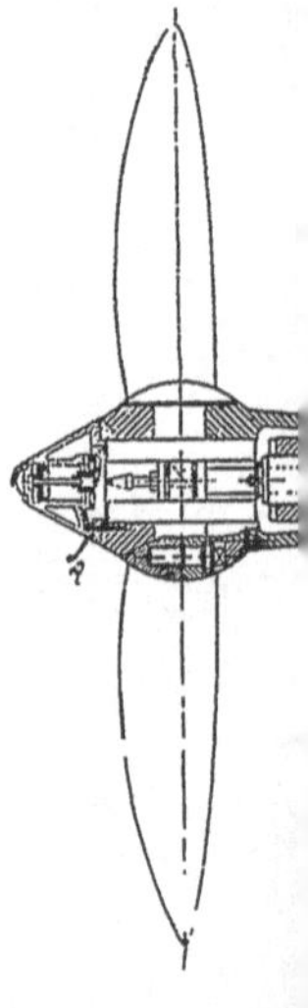

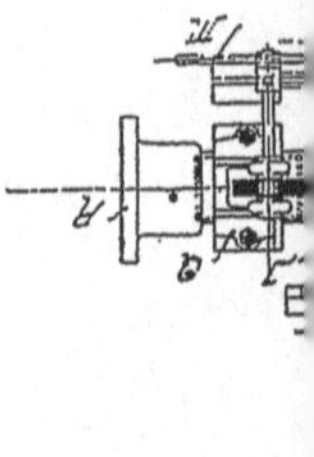

zu: **Dreihardt, Schraubenpropeller**
Verlag: M. Krayn, Berlin.

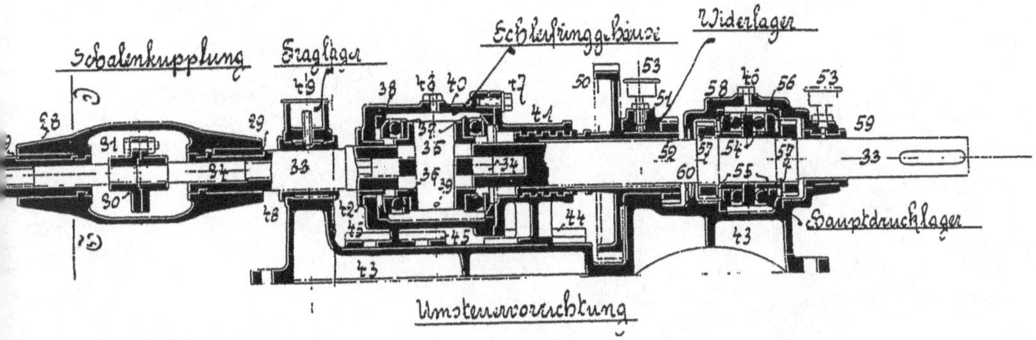

Fig. 47

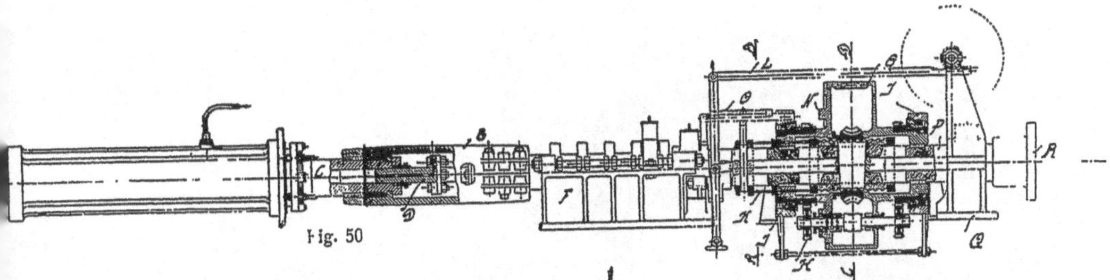

Fig. 50

…d	Bezeichnung	Gegenstand
…e Umsteuerspindel	J	Schaltstange mit Gleitklötzen
	L	Anschläge u. Gestänge f. d. auto-
…e		matische Ausschaltung
…er gekuppelt	M	Handrad z. Betätigung d. Umsteuerung
…lung m. eingebauter	N	Loch zum Einsetzen der Vorrichtg. zum
…für die Steuerstange		Umsteuern von Hand
…rucklager u. Traglager	O	Anzeigevorrichtg. f. d. Flügelstellung
…orrichtg. z. alternierend. Getriebe	P	Druck- u. Zwischenwelle
…e. Hauptwelle angeg…	Q	Wellentraglager
…s Getriebe	R	Kupplungsflansch
…upplg. zur Umsteuerung		

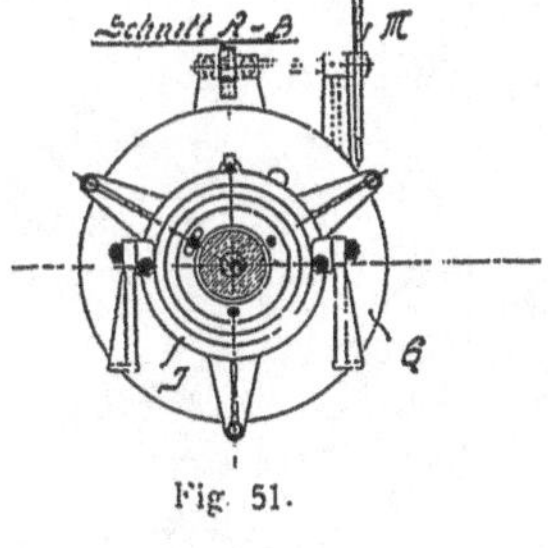

Fig. 51.

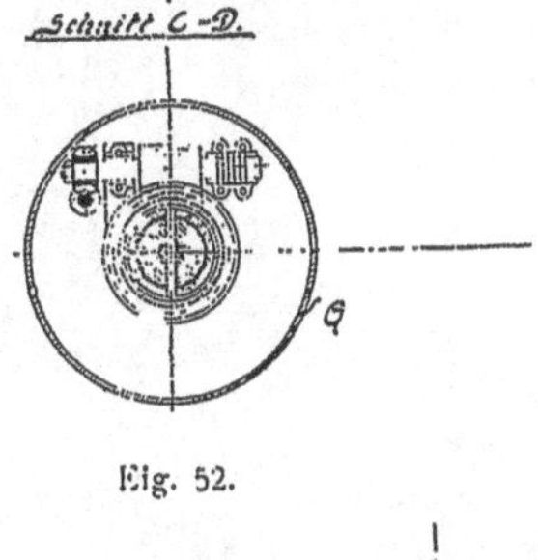

Fig. 52.

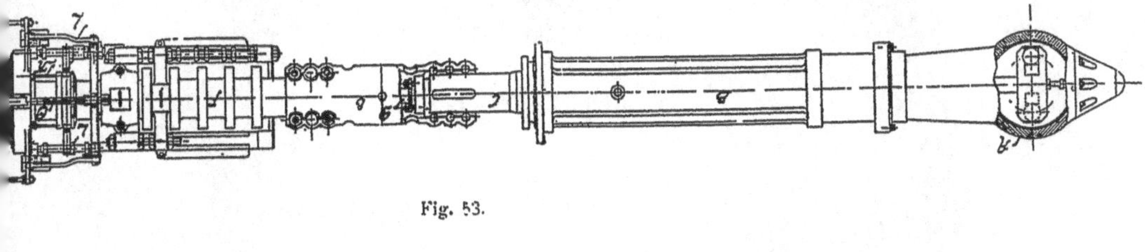

Fig. 53.

Kolibri 360 GmbH
Ferdinand-Jühlke-Straße 7
99095 Erfurt, Deutschland
produktsicherheit@kolibri360.de